ÉTUDE GÉOLOGIQUE, HISTORIQUE

ET STATISTIQUE

SUR

THOMERY

ANCIEN ET MODERNE

NOTICE SUR LES ENVIRONS

PAR

A.-F. HUET

INSTITUTEUR PUBLIC

A THOMERY, CHEZ L'AUTEUR

FONTAINEBLEAU

CHEZ M. LACODRE, LIBRAIRE

PLACE DU SQUARE

1892

THOMERY

ANCIEN ET MODERNE

Publié sous le patronage de :

MM^{mes}

La comtesse Greffulhe La
  Rochefoucauld.
Dhyvers.
Cuvelier.
Andry (Alphonse).
Mlle Rosa Bonheur.

MM.

Gautier, maire.
Doisneau, adjoint.
Blanchard (Alexandre).
Chagot (Joseph).
Capitaine Charmeux.
Durand (Armand).
Fleurent (Jean-Baptiste)
Mercier (Alphonse).
Minet (Lucien).
Pruneau (Pierre).
Souilliard (Anatole).

} conseillers municipaux.

Barrillier-Gâtien.
Bezou (Édouard).

MM.

Bezou (Eugène).
Bourdon (Charles), artiste
  peintre.
Charmeux (B^{te} Rose), ancien
  maire.
Charmeux (Constant).
Cuper et Mlle Couty.
Cuvelier (Eugène).
Durand-Leclerc.
Docteur Hubin.
Huet (Jules).
Jacob, architecte du gou-
  vernement.
Mercier (Jules).
Mézière (Michel).
Muleur.
Prou (Louis-Edme).
Salomon (Étienne).
Valleaux (Jules).
Valleaux (Lucien).

ÉTUDE GÉOLOGIQUE, HISTORIQUE

ET STATISTIQUE

SUR

THOMERY

ANCIEN ET MODERNE

NOTICE SUR LES ENVIRONS

PAR

A.-F. HUET

INSTITUTEUR PUBLIC

A THOMERY, CHEZ L'AUTEUR

FONTAINEBLEAU

CHEZ M. LACODRE, LIBRAIRE

PLACE DU SQUARE

(Tous droits réservés)
1892

PRÉFACE

Extrait du rapport de l'Inspection académique de Seine-et-Marne sur l'Exposition scolaire régionale de Melun, en 1887.

« L'étude géologique, historique et statistique sur Thomery se recommande aux titres suivants. C'est le résumé et la mise en ordre des entretiens de M. Huet avec les jeunes gens qui fréquentent les cours d'adultes. Les généralités géologiques, géographiques, historiques y tiennent quelque place; mais ce qui se rattache à Thomery n'y est pas négligé; la culture des succulents raisins de ce pays a été entre autres l'objet de détails particuliers. On conçoit que M. Huet s'y soit arrêté longtemps parce que c'est la principale industrie de son pays et la source de l'aisance des habitants. Cette étude a le mérite d'une rédaction facile, attachante: c'est une lecture utile et agréable que la commission se plaît à recommander. »

Nos remerciements s'adressent donc d'abord au jury académique qui, dès le principe, a récompensé notre travail d'une médaille de vermeil.

Depuis, nous avons revu avec soin notre manuscrit et nous ne nous en sommes pas tenu aux généralités. Honoré de la bienveillance, nous oserons même dire de l'amitié d'hommes éminents qui nous ont prêté leur concours et leur appui; encouragé par des intentions sympathiques parmi la population dont nous dirigeons la jeunesse depuis dix-neuf ans, nous avons développé et complété notre travail par des renseignements pris à bonne source.

M. Chauvin, ancien Président de la Cour d'Appel de Dijon, et M. le docteur Queudot ayant pris connaissance de nos premiers manuscrits, en ont fait, à des points de vue différents, le résumé en vers auxquels nous donnons la première place.

M. Gautier, Contrôleur des bâtiments civils, Membre de la commission de conservation des monuments historiques de France, Maire de Thomery, nous a facilité l'accès des Archives Nationales.

Nous avons profité, autant qu'il a été en notre pouvoir, des conseils et de l'expérience de nos chefs hiérarchiques. Que tous reçoivent ici le témoignage public de notre reconnaissance!

A ces titres, nous pensons que cette notice où nous avons associé le sentiment du devoir à l'intérêt local et individuel, sera bien accueillie par quiconque aime bien son pays.

Janvier 1892.

A. HUET.

THOMERY

Assis sur le versant d'un fertile coteau,
Dominant le vallon arrosé par la Seine,
« Thomery », nom fameux, nous offre le tableau
De ses treilles sans nombre où trône en souveraine
La grappe au suc exquis des chasselas dorés. —
C'est merveille de voir, rangés en symétrie,
Tous ces murs dans d'étroits espaces resserrés ;
La vigne les tapisse et grâce à l'industrie
Du travailleur adroit, habile, intelligent,
Qui lui donne ses soins, l'émonde, la cisèle,
Elle amène au logis l'aisance avec l'argent,
Car nulle autre ne peut entrer en parallèle. —
Mais il ne suffit pas de récolter le fruit :
Une tâche nouvelle au vendangeur s'impose,
S'il veut de son labeur augmenter le produit,
Et mieux atteindre encor le but qu'il se propose. —
C'est alors qu'on le voit, ainsi qu'un émigrant,
De sa propre maison déserter chaque étage,
Et pour faire une place au nouvel hôte entrant,
Dans le bas du logis, reléguer son ménage.
Son habitation se transforme aussitôt
En un vaste fruitier privé de lumière. —
Mis à l'abri du froid, c'est dans cet entrepôt
Que se conservera dans sa beauté première,

La grappe de raisin attachée au sarment
Qui, plongeant par un bout dans l'eau d'une bouteille,
En état de fraîcheur se maintient constamment,
Retrouvant presque ainsi la sève de la treille.—
Et de même, partout, artistement rangés,
D'innombrables flacons remplissent la demeure
Fastueuse ou modeste; ils resteront chargés
Du précieux fardeau, jusqu'au jour, jusqu'à l'heure
Où le riche amateur, le marchand de Paris,
Sur ces raisins exquis portant leur convoitise,
Se les disputeront sans regarder au prix,
L'un par amour du gain, l'autre par gourmandise. —
Mais si du chasselas, le mérite vanté,
Procure à Thomery la richesse et la gloire,
La ceinture des bois, des sites la beauté
Et tous les souvenirs évoqués par l'histoire
Donnent à ce pays, favorisé des cieux,
L'irrésistible attrait, le charme incomparable
Qui naissent à la fois et du plaisir des yeux,
Et des émotions qu'un passé mémorable
Fait éprouver à l'âme. Ici ce double accord
Se trouve à chaque pas. C'est à l'autre rivage,
Le château des Pressoirs qu'on aperçoit d'abord,
Entouré de verdure et caché sous l'ombrage.
Son nom date du temps où le *roi chevalier*
Fit, auprès du manoir bâti sur son domaine,
Construire des pressoirs et creuser un cellier.
La vigne qu'il aimait couvrait alors la plaine,
Et la côte où depuis a poussé la forêt.
Elle venait, dit-on, de Cahors, la patrie

De Marot que François pour ses vers honorait.
Les fêtes commençaient quand la grappe mûrie
Ramenait au château le galant courtisan,
L'*honneste dame* aussi, comme disait Brantôme. —
Le monarque et sa cour allaient s'extasiant,
Déguster le raisin, en savourer l'arôme,
Et voir sous les pressoirs couler le vin à flots. —
Henri quatre, à son tour, trouvant le site aimable
Habita le manoir. Au sommet de l'enclos,
Il construisit la tour d'où la vue admirable
Lui plut si fort, qu'il dit, l'air joyeux : *Tout me rit!*
Imbus de leur science en étymologie,
Des gens tirent de là le nom de *Thomery*
Sans tenir compte de la chronologie. —
François! Henri le Grand! Quels noms! quels souvenirs!
Chacun ici se plaît à revoir en pensée
La cour jeune, brillante, avide de plaisirs,
Au château des Pressoirs, accourir empressée
De se mêler aux jeux, aux divertissements
Par lesquels on fêtait la saison des vendanges. —
Les dames, les seigneurs, au son des instruments
En cadence menaient leurs joyeuses phalanges.
Le Primatice avait, pour plaire au souverain,
Décoré le palais de fresques magnifiques ;
Del Sarte, son émule et son contemporain
L'embellit à son tour ; les frontons, les portiques
Par Cellini sculptés, ornaient le monument. —
C'est là que des beautés dignes de Praxitèle,
Brillaient comme une étoile au sein du firmament,
Qui se nommaient Diane, Étampes, Gabrielle,

Émerveillaient les yeux, enflammaient tous les cœurs.
Trois siècles ont passé ! Maintenant le poète
En visitant les lieux témoins de ces splendeurs,
Réveille seul la voix des échos de la fête
Et redonne la vie aux choses d'autrefois. —
Du château des Pressoirs à celui de Gabrielle,
Nous ferons le trajet en traversant les bois.
Gardons-nous avec soin de la dent du reptile :
De plus d'un imprudent il causa le trépas ;
Actif est son venin et prompte est sa morsure ;
L'invisible ennemi se cache sous nos pas.
Des sentiers recouverts d'un dôme de verdure
Nous conduiront au point où frappant les regards,
Entre deux rangs de pins, une vaste avenue
Que la forêt enclôt de toutes parts,
Se montre devant nous, droite, à perte de vue.
C'est l'accès de Graville, elle mène au château
D'élégante structure et de noble apparence,
Flanqué de ses deux tours. Le chêne et le bouleau,
Par groupe dispersés sur la pelouse immense,
Ornent le paysage et ravissent les yeux. —
Gardons-nous d'oublier la demeure princière
Que la Seine cotoie et son parc giboyeux.
Son nom connu de tous : *château de la Rivière*,
Dans le siècle dernier eut sa célébrité.
C'est là que résidait le plus généreux prince
Béni pour ses vertus et pour sa charité :
Le bon duc de Penthièvre était pour sa province
L'ami, le bienfaiteur ; et encore aujourd'hui
Dans le peuple, malgré cette date lointaine,

On garde sa mémoire, on se souvient de lui ;
La forêt contiguë à ce noble domaine
A sa *route du Prince* et le rappelle aussi. —
A côté de ces noms une gloire récente
Chère à notre pays, trouve sa place ici.
De succès en succès sa marche fut croissante ;
L'art, une fois de plus, compte un maître excellent :
Dans un hameau voisin, *Rosa Bonheur* habite ;
Le nom nous dit assez ce que vaut le talent. —
Enfin, que pourrait-on opposer au mérite
Du pays dont je viens d'esquisser le tableau,
Quand sa belle vallée où s'écoule la Seine
A la fortune aussi d'être encor riveraine
Des forêts de Champagne et de Fontainebleau !

CHAUVIN.

THOMERY-LES-RAISINS

PAYSAGE

—

A la Muse.

Tu reviens près de moi, tu reviens, douce image,
C'est l'ombre de ton pied qui court sur mes gazons.
C'est l'ombre de ta main qui retourne la page
    Qu'ensemble nous lisons.

Tu m'as dit : « Fuis Paris, sa rumeur et ses fêtes ;
Pour accorder ton luth, accompagner ta voix,
Il suffit des oiseaux qui gazouillent aux faîtes
    Des maisons et des bois ! »

Et je m'en suis allé dire ma chansonnette
A la haute *Charmoie*, aux nids de *Chantoiseaux*,
J'ai remonté la Seine et mis ma maisonnette
    Sur les bords de ses eaux :

En face du castel où la belle d'Estrée
Se plaisait à tirer le vin doux au *pressoir*,
En face de la tour où l'amante attitrée
    Montait reine, le soir !

Là, j'ai mis ma maison. Dans sa robe de vigne
Elle vit au soleil qui se lève : « Bonjour! »
Hé! mignonne, qui sait? C'est peut-être à ce signe
    Que je dois ton retour!

J'y vois dès le matin en fraîches ribambelles
Les filles et les gars, les mains pleines de joncs
Passer, papillonner, courir à leurs échelles
    Enlacer les bourgeons.

Dans les grappes en fleurs, ils travaillent aux treilles
Jetant mille chansons aux vents de leur coteau,
Tous appendus, actifs comme un essaim d'abeilles
    Aux parois d'un gâteau.

Ils n'ont pas le souci des misères humaines,
Nos vignerons! leurs bras qui brunissent aux murs
Récolteront un jour les doux fruits de leurs peines
    Dans l'or des raisins mûrs!

Viens à la *Guette,* viens embrasser la campagne
Qu'emplissait autrefois le bon rire d'Henry
Quand son cor réveillant les échos de *Champagne,*
    Rentrait à *Thomery.*

Des forêts qui lui font une couronne verte,
Aux ondes de la Seine où son pied s'est noyé
La côte en éventail s'étale, recouverte
    De son manteau rayé,

Rayé de mille murs en ligne de bataille,
Qui présentent leur face au soleil, dès qu'il luit,
Absorbant les rayons dont le ciel les mitraille,
          Pour rayonner la nuit !

Éclairé dans un coin de ce gai paysage,
Le village se dresse en costume coquet,
Maisonnette et chalet ayant à leur corsage
          La vigne pour bouquet !

« Tout me rit » au pays des raisins, tout m'inspire !
Dans le pampre embaumé, la grappe qui fleurit,
La feuille qui verdoie et l'onde qui soupire,
          Tout chante, « tout me rit ! »

Quand je laisse couler ma barque à la dérive,
Ma rame à l'abandon flottant entre deux eaux,
L'air qui gonfle ma voile apporte de la rive
          Les chansons des oiseaux.

Quand je passe en forêt, où de cimes en cimes
Fauvettes et pinsons échangent leurs refrains,
Il me semble qu'en moi des rimes à des rimes
          Répondent par essaims.

C'est alors que tu cours après ma rêverie
Et que ton songe au mien s'unit en l'approchant,
C'est alors que ta lyre, en sourdine, marie
          Son chant avec mon chant !

A nos vieilles amours, sois fidèle, ô ma muse !
Je te confie à toi ce que j'ai de plus doux :
Ma fillette qui jase et mon fils qui s'amuse,
    Prends-les sur tes genoux !

Laisse leurs doigts mignons, leurs petits ongles roses,
S'ébattre sur ta joue, — ils ignorent l'affront —
Laisse-les effeuiller les lilas et les roses
    Qui couronnent ton front.

Donne-leur un baiser qui les sacre poètes ;
Héritiers de ma lyre, ils garderont ma foi,
Et viendront sur ton sein pencher leurs blondes têtes
    Pour chanter avec toi !

Tu nous quittes ? Déjà ! — Pars, laisse aller ton aile
Plus libre que l'oiseau, plus libre que le vent ;
Mais, comme le soleil, reviens à ma tonnelle,
    Reviens à moi souvent !

Camille Queudot.

Août 1887.

THOMERY POUR TOUT LE MONDE

Impressions d'un Touriste.

J'ai parcouru la France de Dunkerque à Perpignan et de Brest à Nice, j'ai visité nos centres industriels, nos monuments historiques; je connais nos belles plages, leurs hôtels luxueux, l'animation de nos ports, l'originalité de nos peuples de pêcheurs, nos admirables falaises. J'ai reconnu partout du magnifique.

J'ai escaladé les géants de la Suisse, le plus beau pays du monde pour les excursionnistes, franchi ses glaciers, côtoyé des abîmes effrayants, navigué sur ses lacs émeraudés et encadrés d'escarpements sauvages ou riants. J'y ai éprouvé des émotions et des terreurs.

Suivant le flot des artistes, des savants et des touristes, je suis allé d'un bout à l'autre de l'Italie, la terre classique des antiquités romaines, où le doux ciel et la riante nature se trouvent encore embellis par les merveilles de l'art antique et moderne. J'y ai ressenti quelque chose des coups terribles portés par le Temps et le Destin à la fragilité de la gloire et de la puissance humaines.

Et dire que je connaissais tout cela, avant même d'avoir la moindre idée sur ce qu'est mon propre pays!

Il existe à une heure et demie de Paris et à une demi-heure d'une station du chemin de fer de P.-L.-M., édifiée comme par caprice au milieu d'une belle futaie de la forêt de Fontainebleau, un village qui a, comme le dit un écrivain moderne à propos des grandes cités du monde, « son poème où il se résume, où il s'exprime, où il est particulièrement lui-même. » Ce village, c'est Thomery.

Parisiens de toutes conditions, quittons un instant le dédale de nos rues qui nous donnent des nausées, nos boulevards où nos yeux se suicident vingt fois par jour, l'atmosphère capiteuse de nos milieux où la vie est à outrance ou factice.

Faisons mentir les provinciaux qui nous considèrent comme un peuple donnant deux sous à son ventre et vingt francs à ses yeux. Allons nous égarer dans les murs de Thomery; nous y délecterons notre palais trop souvent desséché par la

frelaterie des grands et des petits industriels de
bouche de la capitale. Allons-y reposer notre cer-
veau et nos sens, mettre une trève à nos ennuis
ou à nos labeurs.

Braves vignerons du Gâtinais, de Bourgogne
et de Champagne, Thomery est à votre porte.
Vous y trouverez des alliés contre les fléaux qui
menacent d'anéantir vos intérêts propres et la
plus belle source de richesse de notre chère
France. Il y a à Thomery des arsenaux complets
de machines, d'appareils et des hommes compé-
tents disposés à une guerre sans trève ni merci
au mildiew, à l'oïdium, au phylloxera.

Jeunes gens, ouvriers, qui souvent au début
de la vie, êtes attirés à la grande ville par de fal-
lacieuses promesses, par l'appât d'un triple salaire qui ne tournera qu'au profit des industriels
des deux sexes, allez à Thomery. Vous y verrez
la preuve qu'à la province aussi bien qu'à la ville,
il y a place pour le travail et l'intelligence. Vous y
trouverez des familles dans lesquelles, de génération en génération, on féconde le champ pa-
ternel, on pratique des cultures nouvelles, on
emploie des instruments perfectionnés. Un coin
de terre de 120 hectares, qui fait vivre une popu-

lation de 1,200 âmes, est l'attestation la plus manifeste que la terre n'est jamais ingrate envers ceux qui la cultivent avec courage et intelligence.

Thomery est même digne du regard du législateur, car c'est une petite république agricole et industrielle qui vit comme une grande famille et dont les habitants trouvent dans leurs occupations l'aisance et le bonheur. Ici point de fausses splendeurs, belles routes, bons chemins, maisons propres, toujours pleines de caractère, élégantes sans originalité.

Thomery se trouve remplir toutes les conditions qui peuvent être exigées pour les malades, les convalescents : beaux sites, promenades paisibles, logements confortables, hôtes et habitants prévenants et affables. On saura que les bains de Seine de Thomery ont été chantés par notre grand poète Jean-Baptiste Rousseau dans une de ses cantates. Il y a lieu d'espérer que, dans un avenir prochain, Thomery sera, par ses cures de raisin, une station rivale des villes d'eaux.

Touristes, mes compères, amateurs du beau, dirigez un jour vos excursions dans cette délicieuse vallée contournée par les méandres de la Seine. Après avoir escaladé les rochers si pittoresques de la forêt de Fontainebleau, gravissez ces coteaux boisés des Pressoirs du Roy ; à vos pieds se déroulera un immense panorama plein de merveilles et de poésie, jadis cher à la belle Gabrielle et au roi Vert-Galant. Enfin, quand le besoin de réconfortation et de repos s'emparera de votre être, suivez cette « Renommée » aux milliers de bouches qui savourent avec délices le beau chasselas de Fontainebleau ; portez vos pas vers l'hôtel de la Bonne-Treille, vous y serez reçus avec le plus gracieux accueil et vous y trouverez tout le confortable, ce qui n'est pas à dédaigner surtout pour un excursionniste affamé.

X. Z...,

Touriste parisien.

THOMERY

PREMIÈRE PARTIE

—

GÉOLOGIE

ASPECT, DIVISIONS ET NATURE DU SOL CULTIVABLE.

En quittant la ligne P.-L.-M. à la gare de Thomery, le voyageur, avant d'arriver au village, a le temps de se remettre des inquiétudes et inconvénients de voyage en wagon. Deux kilomètres à parcourir à pied sont un réactif très salutaire, surtout dans une atmosphère sereine et embaumée, où l'on respire à pleins poumons un air vivifiant qui fait une si douce diversion avec les odeurs et les gaz de nature douteuse condensés dans un compartiment de troisième classe. Nous

sommes dans une charmante avenue bordée de
futaies sous lesquelles s'étend et se fond dans
l'épaisseur du bois un magnifique tapis de verdure et de mousse.

Et d'abord, des souvenirs historiques : voici le
Carrefour Du Châtel, rond-point où viennent se
croiser la route Ronde, construite par ordre de
Henri IV, avec la voie romaine aujourd'hui ancienne route de Bourgogne, et où aboutissent
beaucoup d'autres routes dont celle de Tanneguy
qui conduit au hameau de By. D'ici l'on aperçoit
les croix de Guise et de Montmorin, noms célè-
bres. A droite de la route Ronde, on a les futaies
des mares de By et du Fourneau ; à gauche celles
de la Fosse-aux-Boulains et des forts de Thomery.
A la borne forestière dite de la Croix-Rouge, on
est sur la limite du territoire ; on arrive dans un
petit vallon ; voici la route de Fontainebleau en-
nuyeuse et fatigante pour le piéton, en ce sens
qu'elle est toute droite dans la plus grande partie
de son étendue et qu'elle est peu ombragée. Voilà
une autre route dont la pente et les courbes, s'en-
fonçant sous une voûte de feuillage, semblent
vous dire qu'elle conduit à un précipice ; elle

mène en effet à « Effondré ». — Après avoir gravi
la butte de Chantoiseau, on peut se reposer à
l'aise sous l'ombrage de la « Charmoye. » Vous
voyez alors à vos pieds Thomery et Champagne,
deux villages qui semblent ne faire qu'une seule
agglomération, Effondré coquettement assis au
fond du vallon, au bord de la Seine dans les eaux
de laquelle se mirent à l'autre bord les Fours et
le château des Pressoirs-du-Roy avec leurs pe-
louses et leurs bosquets. Les hauteurs boisées,
semées de roches, dominées par la « Guette »,
forment ici comme un rempart et protègent contre
le froid et le vent les riches cultures qui mûris-
sent en face et à leur pied.

Le paysage est charmant, et l'on comprend
facilement que l'homme n'ait pas hésité à établir
sa demeure dans ce lieu qui lui semblait à juste
titre réunir tant de conditions de bien-être. Une
forêt verdoyante et pittoresque, une eau tranquille, une position saine et riante, n'est-ce pas
là ce que de tout temps l'homme a préféré pour
y fixer sa demeure? Il n'y a donc rien d'étonnant
à ce que l'endroit ait été, dès la plus haute anti-
quité, le siège d'une station humaine.

On sait que le climat, l'altitude, la nature et
la configuration du sol, l'exposition, la températu-
ture sont autant de circonstances qui ont exercé
de tout temps une influence remarquable sur le
choix de l'habitation de l'homme. Tout d'abord,
il semble avoir été attiré instinctivement là où il
a remarqué une tendance de la nature à produire
les végétaux et les animaux nécessaires à son
existence. Ensuite les générations se sont succédé
en cet endroit, l'améliorant petit à petit par l'habitude d'y vivre, en attendant que la volonté avec
ses calculs et ses déterminations remuât ce sol
pour en arracher les secrets et les richesses.

Ce que nos pères (que cela soit dit sans injure
à leur mémoire) faisaient par routine, on le fait
de nos jours en s'appuyant sur les révélations des
sciences physiques et naturelles. Les uns recher-
chent des perfectionnements, d'autres appliquent
des théories qui parfois tournent contre eux-
mêmes, en faisant le profit des autres. Mais si on
a le cœur bien placé, on a toujours la consolation
de voir que de merveilleuses découvertes, de
bonnes méthodes font de la culture du sol une
science augmentant la richesse du pays.

Le territoire de Thomery, vu son peu d'étendue, n'a pas peut-être son pareil pour la diversité des terres cultivables. On peut le diviser en trois grandes zones : plateau, côte et prairie au bord de la Seine.

Le sol du plateau est aujourd'hui planté en grande partie de bois taillis, la couche de terre végétale est composée de sable siliceux gris et de débris végétaux reposant sur un sous-sol argilo-calcaire, à une profondeur très irrégulière. Dans cette partie, notamment dans les Pleux et les Danjoux, on cultivait autrefois du chanvre. Derrière les Montforts et entre le hameau de By et la forêt, le terrain est un peu plus léger et la couche arable aussi plus épaisse; le sous-sol est plus perméable. Ce terrain convient à la culture potagère et très bien aux asperges. Les arbres fruitiers y poussent généralement avec vigueur; on y voyait naguère de gigantesques poiriers. Entre Chantoiseau et les Montforts, la terre arable de nature argilo-siliceuse repose sur une argile jaune rougeâtre que l'on a utilisée dans ces derniers temps pour la fabrication de la brique. On voit encore des restes de la briqueterie construite au lieu dit le Fossé à Marc, près des Montforts. Le sol de la butte de Chantoiseau offre à peu près les mêmes éléments de composition; mais le sous-sol étant généralement plus compact, la terre est plus fraîche. Pendant l'hiver et aussi à la suite de pluies continuelles, l'eau après avoir traversé la couche arable, glisse sur la glaise et vient sortir en suintements en différents endroits, ce qui a fait croire pendant longtemps à l'existence de sources. On voit même de ces suintements dans les caniveaux et le sol de la route descendant au village.

La partie la plus importante du territoire est le coteau; elle s'étend en forme d'éventail en suivant la courbure de la Seine. Elle est traversée longitudinalement par des chemins qui la divisent en fuseaux de pentes différentes entre eux et de plus en plus rapides au fur et à mesure qu'ils se rapprochent de la Seine.

La composition du sol est à peu près la même dans le rôle des Moulins-à-Vent et des Poiriers-de-Loups que dans les Sept-Arpents situés au haut d'Effondré; l'argile y prédomine. Le sous-sol, composé en certains endroits de veines de gravier, de cailloux roulés, en d'autres de désagrégations de roches calcaires et de grès, est continué plus profondément par des masses de pierre blanche supportées par des bancs de glaise.

La partie appelée les Basses-Buttes, les Longs-Sillons, les Rentières et Merisiers-Coquins, les Folies, le dessous des Montforts, à laquelle il faut joindre le clos de Thomery et les Chardonnières, est la plus riche du territoire. La couche d'humus atteint en beaucoup d'endroits 1^{m}50 et plus d'épaisseur. La vigne n'y *paralyse* pas autant que dans la partie supérieure dite des Moulins-à-Vent et les *recouches* y sont faites avec plus de succès : on y trouve des ceps recouchés dont le pied-mère a plus de cent ans d'existence.

Entre la rue du Port et Thomery proprement dit, il y a un quadrilatère de terrains caillouteux et brûlants qui sont à juste titre appelés les Cailloux et les Brûlis. Les pruniers de toutes variétés et les cerisiers anglais s'y trouvent bien ; on y voit aussi quelques pommiers ; mais la culture spéciale de la localité s'y pratiquerait sans succès. C'est pour cela que cette partie de territoire, très morcelée d'ailleurs, est réservée aux arbres fruitiers, légumes et plantes potagères. En revanche, si la couche cultivable est de médiocre rapport,

le sous-sol renferme des richesses dont nous au-
rons à parler plus loin.

Le Bas de l'Église, l'Allée, les Guignegaudes
jusqu'au chemin de Champagne conviennnent
très bien à la culture de la vigne. Le chasselas n'y
vient généralement pas aussi beau que dans les
pentes supérieures du coteau, mais il est plus
sucré et se conserve mieux et plus longtemps.
Les éléments dominants de ces terrains sont des
grèves et des cailloux roulés.

Au-dessous du chemin de By, de Thomery à
l'extrémité du territoire, les pentes sont plus ou
moins raides. Le sol généralement peu profond,
sablo-quartzeux dans les Grands-Clos, noir et
caillouteux un peu plus bas dans les Larris et
les Fosses, est argilo-sableux dans les Baillardes,
argilo-calcaire un peu plus loin et enfin marneux
au-dessous de By. Le sous-sol est généralement
calcaire ; il est exploité en petit, en divers endroits, pour les matériaux de construction des
murs d'espaliers, et en grand, au lieu dit les
Roches - Courtaux, pour les enrochements des
ponts, barrages et berges de la Seine.

La zone la plus basse, la prairie, qui comprend
les Hauts-Prés, la Mare, le Puisoir, les Bains-du-

Roy, l'Enfer, est submergée par les crues de la Seine, partiellement, presque chaque année ; elle donne des foins très estimés, mais d'une quantité insuffisante pour la nourriture des bestiaux, en petit nombre cependant, appartenant aux habitants du village. On y trouve çà et là aussi quelques champs où l'on cultive les céréales ; la superficie totale de ces derniers ne dépasse guère quatre hectares.

Le cadre de notre travail ne nous permet pas de nous étendre davantage sur ces observations générales qui ont été faites par des hommes d'expérience. Nous dirons seulement avec eux, qu'en certains points la nature du sous-sol corrige les imperfections de la couche cultivable ou en neutralise les qualités, et qu'en d'autres, elle est plus ou moins modifiée par des substances accessoires, sels, oxydes, etc. (veines de terrains).

C'est à l'amateur de voir, par suite de ses expériences propres, quels moyens il pourra employer pour accroître la faculté végétative de son sol ou pour en modifier, si bon lui semble, la nature physique et chimique.

PREMIERS TEMPS.

L'étude de la terre végétale nous conduit à celle des différentes couches qui la supportent. D'autres motifs nous engagent d'ailleurs à aborder ce sujet.

On s'est demandé souvent devant nous, au sein de notre jeune auditoire et aussi en d'autres circonstances, ce qu'était Thomery, il y a plusieurs siècles; puis venant à enchérir sur cette idée, plusieurs ont demandé « et avant? » et d'autres « encore avant? ». Inspiré par l'amour de la terre natale, on voulait connaître les diverses variations de ce sol à travers les âges du monde, les siècles de la vie antique et les époques modernes. « Tout commencement a une cause, » nous disait-on. Hélas! avec cet axiome si simple dans la forme, mais si sublime et si profond, peut-on espérer de nous une tâche qui soit autrement qu'imparfaite!

Il est des connaissances indifférentes, il en est de superflues, il en est même de dangereuses; mais il y a aussi des sciences utiles, nécessaires et honnêtes. Il ne faut pas que l'esprit se remplisse de préjugés ; il ne faut pas non plus que la science trouble la raison. Aussi n'est-ce pas uniquement pour la science elle-même, que ce chapitre aura son côté scientifique ; ce sera plutôt pour montrer que l'alliance de la raison et de la science doit exercer une influence heureuse sur l'esprit et le cœur ; ce sera moins un aperçu qu'un moyen d'acquérir quelque chose de plus complet que ce que nous allons exposer.

Disons d'abord, avec Buffon, que cette puissance vive, animée, immense, qui favorise tant notre pays et qu'on appelle communément la Nature, n'est pas cette Divinité à laquelle les peuples anciens rendaient hommage, en la représentant sous l'image d'une femme couverte d'un voile, pour faire voir qu'elle est impénétrable ; mais qu'elle est en même temps la cause et l'effet, le mode et la substance, le dessein et l'ouvrage, en un mot le reflet d'une libéralité providentielle.

Disons, avec Lamartine, que l'on manquerait de cœur si on se lassait de la vue des champs paternels, de tous ces objets, de tous ces lieux qui rappellent des objets chéris et vénérés :

« Objets inanimés, avez-vous donc une âme

qui s'attache à notre âme et la force d'aimer ! »

Lorsque, comme le dit Pline l'Ancien, « par un beau soleil qui chasse la tristesse du ciel et dissipe les nuages qui obscurcissent le cœur humain », nous gravissons cette montagne des Pressoirs-du-Roy qui domine notre vallée, et que tout essoufflés, nous nous arrêtons en haut pour contempler ce cours d'eau tranquille, semblable à un immense ruban tantôt bleu tantôt vert qui se déroule à nos pieds; ces maisons qui paraissent grosses comme des dés à jouer, dans ces murs dont le réseau est l'image d'un échiquier d'un genre unique; cette belle forêt, ces coteaux, tertres ou mamelons du Gâtinais qui se perdent dans la brume, nous éprouvons la curiosité de voir plus loin encore; nous sentons le besoin de connaître la raison de ce que nous voyons. Nous ne sommes pourtant qu'à 150 mètres d'altitude. Qu'est-ce que cela en comparaison du mont Blanc qui atteint 4,800 mètres et de ces géants de l'Himalaya qui dépassent 8,000 mètres !

Portons ensemble notre pensée dans le lointain des origines, et alors nous constaterons que ce que nous dominons est lié à la formation de la terre elle-même; que notre globe fait partie d'un système immense qui tourbillonne dans une sphère plus immense encore, dont, pour nous servir de l'expression de Pascal « le centre est partout et la circonférence nulle part ». Admirons ce champ où il est donné à l'homme de méditer les pages sublimes des œuvres de la création!... Que sont donc ce système et ce globe lequel, selon Arago, s'y meut en franchissant 1,009,152,000 kilomètres dans l'année, soit 2,764,000 kilomètres par jour, 115,200 kilomètres par heure, 1,920 par minute, 32 par seconde, 100 fois la vitesse d'un boulet de 24 sortant du canon?

Le savant Laplace admet que, dans l'origine, le soleil et tous les corps circulant autour de lui et au nombre desquels se trouve la terre, ne formaient qu'une seule nébuleuse (ou ensemble de vapeurs lumineuses pareil à ces taches blanchâtres que l'on voit dans le ciel), que par suite d'un refroidissement progressif, des parties plus ou moins grandes de ces vapeurs de la nébuleuse se sont condensées, soit en se portant vers le centre, soit en se réunissant en masses diverses, liquides, incandescentes. Le corps de la terre, en

continuant à se refroidir, s'est solidifié peu à peu
sur toute la surface, en même temps que l'intérieur restait emprisonné à l'état de fusion. La
croûte solide qui en est résultée s'est ensuite brisée, déformée sous l'action de cette chaleur centrale. En même temps les vapeurs contenues dans
l'atmosphère fournissaient des masses d'eau énor-
mes qui, en tombant sur le sol, continuaient à en
abaisser la température, transportaient, dissol-
vaient la matière, la disposaient en couches dans
les bassins où elles s'accumulaient. Ainsi fut con-
stituée la croûte du globe terrestre avec ses mon-
tagnes, ses vallées, ses bassins, etc., dont l'épaisseur, selon les géologues, n'est que de 60 kilomètres environ, c'est-à-dire une croûte si faible
par rapport à la grosseur du globe, qu'elle serait
à peine comparable à la coquille d'un œuf; ce
qui fait voir combien notre existence est précaire,
et ce qui explique, jusqu'à un certain point, ces
tremblements de terre et ces éruptions volcani-
ques qui ont causé naguère tant de désastres.
(Tremblements de terre des 23 et 24 février 1887
qui ont désolé le midi de la France et une partie
de l'Italie.)

Et depuis combien de temps cela a-t-il commencé d'être, vapeurs gazeuses d'abord, masses liquides ensuite, sphère solide actuellement ?

Toutes les hypothèses, toutes les découvertes que l'on a faites, tous les progrès que l'on a réalisés confirment l'ordre indiqué par Moïse; et en attendant que la science ait achevé de réunir tous les éléments nécessaires à ces hautes questions, elle s'appuie toujours sur le dogme de la Genèse, pour établir, par une série de déductions, l'origine de notre système, les révolutions du globe, l'apparition des végétaux et des animaux qui vivent à sa surface. Ainsi on est conduit à considérer les jours de la création, comme autant d'époques correspondant aux phases par lesquelles a passé notre globe, et caractérisées par les êtres qui y vivaient et dont les dépouilles subsistent encore dans le sein de la terre. — Zimmermann, professeur à l'Université de Heidelberg (Allemagne), vers la fin du XVII° siècle, démontre dans son ouvrage intitulé *Scriptura Sacra Copernicans,* qu'aucun passage de la Bible ne dément le système de Copernic et donne le calcul suivant sur l'âge de notre globe :

En accordant, ce qui est un minimum, cent mille ans d'âge à l'époque actuelle ou quaternaire, l'âge tertiaire aurait duré trois cent mille ans, l'âge secondaire douze cent mille, et l'époque primaire plus de trois millions d'années.

C'est donc un minimum de quatre millions six cent mille ans depuis les origines des espèces animales et végétales relativement supérieures.

Mais ces époques auraient été précédées d'un âge pendant lequel la vie naissante n'était représentée que par ses rudiments primitifs, et cet âge primordial paraît occuper les cinquante-trois centièmes de l'épaisseur des formations géologiques, ce qui donnerait à l'échelle précédente cinq millions trois cent mille ans pour cet âge seul.

Ces dix millions d'années peuvent représenter l'âge de la vie, mais la période planétaire antérieure à l'apparition des premiers êtres vivants a surpassé considérablement en durée la période de la succession des espèces. Des expériences judicieuses conduisent à penser que, pour passer de l'état liquide à l'état solide, pour se refroidir de 2000 degrés à 200, notre globe n'a pas demandé moins de trois cent cinquante millions d'années !

Quand la surface du globe est devenue habitable, elle s'est couverte peu à peu de végétaux et peuplées d'animaux. Admirables effets d'une puissance infinie : l'humidité, la chaleur, les affinités chimiques transforment la matière brute en matière organisée d'où sort le phénomène de la vie !

Quels événements ont disposé ce sol, ces collines, fait couler ce fleuve, entassé ces mines de sable, d'argile, de grès, de chaux, berceau matériel de notre région ? Cuvier et Théophile Lavallée vont nous répondre.

« Les premiers êtres ne pouvaient vivre que dans l'eau ou sur ses rivages ; d'un côté, c'étaient des mollusques, des coquillages innombrables, des polypiers ; d'un autre, c'étaient des végétaux prodigieux dans leurs dimensions, fougères gigantesques, mousses, algues montrueuses, roseaux, fougères de quarante mètres de haut, dont les détritus entassés par couches au sein du globe ont formé nos amas de houille qui semblent inépuisables. Notre sol, à cette époque, était couvert par l'eau presque entièrement, et y resta encore la durée de quatre ou cinq cataclysmes qui chan-

gèrent les rivages de la mer, qui amenèrent dans
son sein des poissons, des lézards monstrueux,
des tortues gigantesques. Dans cette mer se dis-
posèrent successivement des terrains où le calcaire domine; le plus remarquable de ces terrains est le calcaire du Jura qui sert de support
à tous les dépôts qui se sont faits ensuite. —
Après le dépôt jurassique, d'autres révolutions
vinrent changer la disposition des terres et des
mers; alors s'est formé le terrain crayeux parisien où se trouvent des débris animaux et végétaux primitifs, puis viennent des dépôts puissants
de calcaire grossier, plus ou moins sableux, d'où
nous tirons nos pierres. Au-dessus de ce calcaire
grossier se trouve le calcaire siliceux, pierres
meulières. Enfin, en plusieurs endroits vient le
gypse ou pierre à plâtre, providence des archi-
tectes et des maçons. »

« A cette curieuse époque vivaient les animaux
des périodes précédentes, des herbivores et des
carnassiers, chiens, loups, hyènes géants et fé-
roces, l'air commença à être peuplé d'oiseaux de
proie et d'animaux nageurs, vautours, pingouins.
Mais la vie n'est pas encore dans toute sa force,
car il manquait, comme le dit Milton, « le plus

bel être de la création, le dernier et le meilleur ouvrage de Dieu, créature sainte et divine, pleine de grâce, d'amour et de bonté! »

« La révolution suivante mit notre bassin à jour; cependant la mer revint le couvrir plusieurs fois et y déposer des bancs de marne, de sable, de meulière qui sont autour de nous et aussi ces masses de grès de la forêt de Fontainebleau (terrains tertiaires).

« Enfin, après plusieurs bouleversements qui ont faiblement changé la nature et la disposition de notre sol, viennent les terrains dits d'alluvion, composés de débris minéraux, végétaux et animaux; époque à laquelle le sol a commencé de prendre la configuration qu'il a aujourd'hui. La Seine prit son cours actuel à travers des terrains vagues qu'elle changea bientôt en marécages; la température devint peu à peu celle de nos jours; les animaux des espèces actuelles étaient dans nos forêts, dans les plaines sauvages; enfin l'homme apparut, ce bouquet de la création, cette image du Créateur, mais qui faisait son entrée dans l'Univers au milieu d'un cortège de joies, de passions et de douleurs! »

Comme complément à ces considérations générales sur les époques géologiques et sur la formation de notre bassin, nous donnons les observations suivantes que nous avons recueillies dans les carrières d'argile plastique et les puits ouverts dans notre territoire.

Coupe des terrains près du cimetière.

CARRIÈRE DE M. TIMBERT

Nous enlevons la terre végétale (période contemporaine) d'une épaisseur d'environ 50 centimètres ; nous trouvons des sables, des graviers, des cailloux qui forment des alluvions déposées par les grands courants d'eau (terrain quaternaire), alluvions remarquables en ce qu'elles ne sont pas déposées en couches régulières ; les cailloux sont roulés et affectent la forme ellipsoïde dont les grands axes sont souvent orientés de la même façon. Ces débris offrent des spécimens de roches des différents terrains traversés jusque-là par le cours des eaux. Les surfaces de séparation sont plus ou moins recourbées ou ondulées, jamais horizontales lors de leur formation. A l'époque de ces dépôts, les fleuves et les rivières avaient une grande largeur et charriaient des quantités d'eau considérables. La Seine débitait 60,000 mètres cubes d'eau par seconde. La faune de la période diluvienne (période pendant laquelle il n'y a pas eu moins de 50 déluges), se composait des animaux des espèces de nos jours ; quelques espèces sont éteintes, mammouth, rhinocéros, mégacéros, etc.; d'autres, comme le renne, l'hyène, le lion ont quitté nos climats. Au-dessous de la couche de cailloux, nous avons l'argile plastique qui appartient aux terrains tertiaires (éocène inférieur). Les argiles sont des silicates d'alumine hydratés, contenant une certaine quantité d'eau qu'on ne peut faire disparaître qu'en modifiant leur nature ; leur couleur est fonction du carbonate de chaux, de l'oxyde de fer, de magnésie ; elles sont d'abord blanches, grisâtres ensuite et puis noires ; elles happent à la langue, dégagent une odeur particulière bien connue quand on les expose à l'air humide, font avec l'eau une pâte plus ou moins liante qui, calcinée au rouge, prend un fort retrait et devient dure et sonore ; pulvérisées alors, elles fournissent la pouzzolane artificielle (mortier hydraulique).

Emploi : faïence fine,
          terre cuite,
          creusets réfractaires pour la fusion
          de l'acier,
          cazettes pour la cuisson de la porce-
          laine.

Cette argile renferme quelques cristaux de
gypse (sulfate de chaux cristallisé) et des pyrites
de fer. (La pyrite de fer est le résultat de l'action
de l'oxyde de fer sur les matières organiques et
sur les sulfates alcalins qui existent dans les eaux
naturelles.)

A la cote $13^m 50$, on a trouvé des lignites (bois
fossile), substances brunes, opaques, combus-
tibles, exhalant une odeur sulfureuse désagréable. Ces lignites ont été produits par des forèts
composées de laurinées (muscadier, camphrier),
de protéacées qui croissent encore en Australie
et au cap de Bonne-Espérance.

Nous devons signaler comme fossiles, des ossements de gastornis, oiseau plus grand que
l'autruche, de lophyodon, mammifère de la famille des tapiridés, à tête déprimée, de grandes
dents de jumentés et de reptiles.

Emploi possible de ces lignites :

Amendements des terres, peinture (terre d'ombre).

Préparation de sulfates d'alumine de fer.

Emploi des pyrites :

La variété trouvée a un éclat métallique bronzé, les cristaux que l'on voit à leur surface sont des cubes à faces striées.

Fabrication du soufre, — préparation de l'acide sulfurique et du sulfate de fer, — objets d'ornement.

Puits de M. Cuvelier, aux Hauts-Cailloux.

Jusqu'à la profondeur d'une quinzaine de mètres, les couches de terrain offrent une certaine analogie avec celles de la carrière de M. Timbert. Mais M. Cuvelier a fait pénétrer la sonde jusqu'à une profondeur de 50 mètres et voici les observations recueillies :

16^m à 17^m50 : argile siliceux, terre à faïence violette, couleur due à du phosphate et du silicate de cobalt, très bonne pour la faïence fine.

17^m50 à 22^m : sable argilo-calcaire (gras) formé par la désagrégation des grès et présentant l'agglomération des carapaces d'animaux microscopiques (nappe d'eau).

22^m à 23^m : glaise violette, grise, noirâtre, veines dues à une assez forte proportion de manganèse hydraté, quelques traces de végétaux fossiles.

23^m à 23^m40 : banc de silex.

23^m40 à 24^m : glaise jaune mélangée de sanguine, oxyde de fer hydraté.

24^m à $24\,50$: glaise grise-jaune, sableuse.

24^m50 à 24^m60 : banc de calcaire très dur.

24^m60 à 25^m : carbonate de chaux bleu pâle.

25^m à 35^m : silicate de magnésie et d'alumine hydraté avec présence de coquillages fossiles microscopiques.

35^m à 50^m : même substance mais alumine en moindre quantité.

Par le lavage on obtient de la matière extraite de ces deux dernières couches une substance analogue à la magnésite, écume de mer, qui pourrait avantageusement en tenir lieu, attendu qu'elle est plus blanche et plus douce au toucher.

Carrières et fouilles du côté de **By**.

A By, nous voyons affleurer les calcaires siliceux qui appartiennent aux terrains tertiaires
oligocènes (calcaire d'eau douce de Brie), ils
sont surmontés par une argile verte.

Emploi : pierres à chaux, — enrochements,
pierre ordinaire de construction,
— quelques filets de pierres litho-
graphiques.

Les sables de la forêt de Fontainebleau appartiennent au terrain tertiaire ; ils reposent sur du
calcaire siliceux supporté lui-même par une
couche d'argile plastique que l'on trouve avant
d'arriver au terrain crétacé.

Ainsi la nature, qui semble avoir fait de ce
coin de terre, le paradis de la vigne, n'a-t-elle
pas préparé dans son sein d'autres richesses
pour le cas où un fléau pire encore que celui
dont nous sommes menacés (mildew, phylloxéra)
viendrait nous envahir, ou pour le temps où
l'industrie changera la surface de la terre et les
conditions de l'existence ?

SECONDE PARTIE

—

HISTOIRE ET VARIETES

INTRODUCTION : Revue succincte de l'état de la société a travers les temps.

On a trouvé non loin d'ici, dans les pentes de La Celle et de Champagne, des objets, haches, couteaux en silex taillé; cela peut faire supposer que notre sol a été habité pendant la période diluvienne. C'était alors l'âge de pierre : l'homme ne connaissait pas les métaux et ne se servait que d'armes et d'ustensiles en silex. D'autre part, dans les fouilles ou défonçages faits dans les terrains avoisinant notre prairie, à l'époque où cette partie du territoire était encombrée d'amoncellements de cailloux appelés « murgers » ou « mergers »[1], on a cru reconnaître des ves-

---

1. Dérivé de *émerger*, s'élever.

tiges de constructions lacustres : débris d'ossements recouverts de pétrifications, bois de
renne ou d'élan, enchevêtrements de pièces car-
bonisées, etc. C'est sans doute bien des siècles
plus tard que les descendants de ces hommes
primitifs rendaient hommage à la Divinité dans
notre forêt. Nos vieux pères, les Celtes, différant
en ce point de beaucoup de leurs descendants
d'aujourd'hui, étaient persuadés qu'il y avait un
Être suprême; mais, selon Tertullien, comme
cet Être voyait tout, écoutait tout, en tout temps
et en tout lieu, ils disaient qu'un temple construit de mains d'hommes eût diminué ou affaibli
sa gloire et sa majesté suprêmes.

C'est pour cela que les bois et les forêts furent
d'abord les premiers temples. Parmi ces bois, les
arbres dont la durée, la résistance approchent le
plus de l'idée d'Éternité, étaient aussi vénérés.
C'est ainsi que le chêne était l'arbre souverain
des Dieux, surtout celui sur lequel les Druides
détachaient le gui avec une serpe d'or. C'est de
ce peuple que descendent ces farouches Sénones,
tribu gauloise, qui, sous la conduite de leur
Brenn, « portant leur droit à la pointe de leur
épée, ne craignant rien que la chute du ciel », s'em-

parèrent de la ville de Rome, en 390 avant J.-C.

Mais plus tard, les Romains, vainqueurs à leur tour, firent oublier à nos pères leurs aïeux, leur apprirent leur langue et les associèrent petit à petit à leur fortune.

Cinq cents ans après la réduction de la Gaule en province romaine, les Gallo-Romains subirent à leur tour le flot des invasions. A la langue sonore des latins se mêla l'idiome barbare des nouveaux maîtres. De ce mélange est née notre langue française dont les premiers textes ne sont guère plus compréhensibles que l'argot parisien actuel ; et des alliances de ces nationalités naquit un autre peuple qui porte un nom beau et glorieux, mais dans les veines duquel l'œil scrutateur du plus fin anatomiste aurait peine à y distinguer le plus mince globule du vieux sang celtique.

Depuis les Romains, était commencée dans notre pays la lutte du droit du travail contre le droit du premier occupant. Quoique les revendications du travail aient leur côté sublime, il n'en faut pas moins reconnaître que le droit de premier occupant est le fondement de la propriété.

Mais, malheureusement, chacun de ces deux
droits devant fournir la part du lion, il fallut
plier devant cette raison du plus fort : le droit de
conquête. Les Francs s'étaient distribué le butin,
s'établissaient dans leur part de terre, s'exer-
çaient aux armes, s'assemblaient dans le champ
du premier occupant en lui disant que « l'entrée
de cette terre était interdite aux gens de son espèce », et faisaient à l'homme de travail la grâce
de le laisser vivre. Tous deux devenus « vêtements de fonds de terre, monnaie vivante, furent condamnés à nourrir, vêtir, loger, chauffer
les maîtres » ; leurs épargnes, ce qui est un autre
droit à la propriété, ne leur appartenaient même
pas : ce que possédait le « serf » était le bien du
maître. Inutile de dire que le sol dût être bien
cultivé : on n'est bien que chez soi, on ne travaille bien que dans ce qui est à soi. Voilà où en
était vers l'an 1000, ce pays de France « que
tant de merveilles décorent, qu'enveloppe un
ciel si doux » !

Mais une autre puissance grandissait en formant son empire du monde entier. Cinq cents
ans auparavant, l'empire romain, miné par la

corruption et les doctrines subversives de tout
ordre social, attaqué par des nuées de Barbares,
s'écroulait. Le Christianisme, cette civilisation
qui, en établissant la Foi, devait donner un essor
aux sciences et aux arts, s'arrêta un moment : le
sceptre du monde était aux mains de la force
ignorante et brutale et la religion ne pouvant
rien sur l'esprit des conquérants barbares re-
céla, entretint le feu sacré de la Science et de la
Foi dans des asiles, loin du tumulte des armes et
des passions ; mais faisant sortir de temps en
temps quelques-uns de ses enfants, pour adoucir
les mœurs grossières des barbares, les accoutu-
mer peu à peu à une vie d'ordre et de paix, leur
apprendre le détachement des biens matériels,
dissiper chez les puissants toute idée d'oppres-
sion, ranimer la confiance et l'espoir des faibles,
marquant tout du signe de Celui qui le premier
prècha la liberté, de cette Croix qu'un instinct
divin apprenait déjà aux Barbares à vénérer. Ce
fut alors que les idées de justice, de charité, de
fraternité commencèrent à se modifier. Pierre
l'Ermite, Bernard de Menton portèrent l'humeur
altière des maîtres vers des entreprises cheva-
leresques : pour atteindre un but glorieux, les

comtes, barons, seigneurs, chevaliers, voulurent se faire préalablement pardonner des fautes, et abandonnèrent pour cela à l'Église ou à leurs serfs plus ou moins de leurs domaines. D'un autre côté, les rois, suzerains, chefs de la communauté féodale, voulant se débarrasser des plus turbulents parmi leurs vassaux, secondèrent les efforts des vilains, manants, serfs. Ce fut là le commencement des communes. Le travail, étant devenu une nécessité plus générale, a donné naissance à l'industrie et un nouvel essor au commerce. Ce fut en même temps l'origine des noms de famille tirés d'une circonstance particulière, d'une qualité, d'une profession, tels que Duchesne, Dumont, Dupuy, Leblanc, Leclerc, Charmeux, etc., que l'on retrouve dans notre localité.

Le nouvel état de la classe laborieuse était-il devenu plus fixe, plus paisible? Non, car comme le dit M. Torchet, notre compatriote, ami d'une science (l'archéologie) et d'un art (la musique) qui contribuent le plus à l'adoucissement des mœurs, « chaque ville était un camp, chaque Français, un soldat. En semant son champ qu'il n'était pas certain de moissonner, le laboureur guidait sa charrue d'une main et tenait, pour ainsi dire, l'épée de l'autre; et à côté des instruments pacifiques du commerçant, du simple artisan, dormait toujours quelque pièce d'armure en attendant le signal du prochain combat ». Mais ce n'était pas tout, car d'un autre côté, les tailles, les aides, la gabelle, les droits de péage, de douane, les impôts et corvées de toutes sortes qui semblaient devoir aliéner à jamais toute idée de propriété et de liberté, précipitèrent au contraire, l'avènement de cette idée.

Les lumières des esprits élevés et indépendants du xviii⁰ siècle s'attachant au progrès de la vérité et de la raison se propagèrent parmi les classes laborieuses. Un jour, le peuple est victorieux, « il est cruel dans sa victoire, dit A. Thierry, parce qu'il est aigri par une longue misère; mais il ne sait pas se maintenir dans sa liberté, parce qu'il conserve encore quelque chose des mœurs de la servitude : il se soumet successivement à l'autorité absolue des premières lois républicaines, de l'Empire, de la Charte, etc. »

Enfin après tant de péripéties, de drames sanglants, après avoir passé en quelque sorte par l'école du malheur, la grande nation française doit travailler aujourd'hui au succès de la cause de la justice et de l'humanité. C'est le plus beau des droits d'un peuple uni dans le même sentiment de la liberté, de l'amour de la paix et de la raison.

Le Gâtinais.

Nous avons déjà parlé des Sénones; ce sont eux, avons-nous dit, qui, à la tête des nations gauloises conduites par Brennus, pénétrèrent dans Rome et la livrèrent au pillage en 390 avant J.-C. Eh bien! notre territoire de Seine-et-Marne et particulièrement cette partie située au sud de la Seine, était au temps de Jules César peuplée par les descendants des Sénones. Ces habitants formaient une alliance étoite avec les Parisii (Paris). Sens devint la capitale de ce pays qui comprenait dans ses subdivisions le Gâtinais et la Brie, en partie.

D'après Littré, dans le vieux français on appelait gâtine un lieu désert; ainsi il est vraisemblable que le nom du Gâtinais lui vient de la nature de son sol ou de l'état originaire du pays.

On lit dans le guide des chemins de France en 1553 : « Le pays des Gastinois fut ainsi nommé à cause des déserts, rochers, et lieux sabuleux desquels il était plein, appelés gastines ». Cette étymologie peut servir à expliquer le peu d'importance politique du pays, et le rôle insignifiant qu'il paraît avoir joué jusqu'au jour où les Capétiens y attirèrent une population considérable, par l'attrait des franchises appelées coutumes de Lorris.

Les bornes du Gâtinais étaient l'Essonne, la Seine, le Loing et la forêt d'Orléans.

Le Gâtinais français avait pour chef-lieu Nemours et pour ville principales Courtenay, Moret, Dourdan, Montlhéry.

Le christianisme, dès son établissement en Gaule, a adopté les divisions civiles établies par les Romains; ainsi Wastinensis, nom du Gâtinais, s'est trouvé l'archidiaconé de ce nom, dont la limite au nord était une ligne englobant Milly, Samois et le cours de la Seine jusqu'à Moret.

Clovis s'empara du Gâtinais et de la Brie vers 495. Lors du partage de la monarchie entre ses fils, ces portions de territoire furent comprises dans le royaume de Paris.

Dans le partage que Louis le Débonnaire fit de ses états en 837, le Gâtinais figure au nombre des pays qui formaient le lot de Charles le Chauve.

A partir du ix⁰ siècle, le Gâtinais est appelé Comté; il était administré par un comte qui réunissait dans ses mains tous les pouvoirs. Au milieu de la transformation de la société, les fonctions de ces comtes devinrent héréditaires et ils se rendirent peu à peu indépendants.

Les principaux comtes du Gâtinais sont Geoffroy, qui vivait sous Louis le Bègue, Ingelger, son gendre, qui mourut, dit-on, empoisonné, Robert le Fort, Hugues l'Abbé, Eudes, fils de Robert le Fort, Ingelger II, Foulques le Roux, Foulques le Bon, Guy abbé de Cormery en Touraine et du Gâtinais, Foulques Nerra, Aubry, son gendre, Geoffroy le Barbu et Foulques le Réchin. (MABILLE et J. DEVAUX, *Chronique des ducs d'Anjou.*)

Parmi ces comtes les plus remarquables sont : Foulques Nerra et son petit-fils, Foulques le Réchin.

Foulques Nerra ou le Noir (987-1040) tua de sa main le duc de Bretagne, mit à feu et à sang la ville de Saumur, et pour expier ses fautes fonda

des abbayes, visita les lieux saints et se fit traî-
ner sur une claie dans Jérusalem, en criant :
« Seigneur, pitié pour le parjure Foulques! » Il
mourut à Metz.

Foulques le Réchin ou le Querelleur (1043-
1109) est né à Château-Landon, il fut l'époux de
Bertrade de Montfort qui lui a été enlevée par
Philippe Ier, roi de France.

Ces comtes sont la tige des Plantagenets héritiers du trône d'Angleterre, avec lesquels la
France fut en rivalité : Foulques le Réchin eut
pour fils Foulques V et pour petit-fils Geoffroy
Plantagenet (ainsi désigné parce qu'il portait à
son casque une branche de genêt). Ce dernier est
le père de Henri II, chef de la dynastie des Plantagenets, qui épousa Éléonore d'Acquitaine, femme
divorcée de Louis VII, roi de France.

Foulques le Réchin ayant dépouillé son frère
aîné, Geoffroy le Barbu, du comté de Touraine, et
craignant ensuite la colère du roi de France,
Philippe Ier, lui avait cédé le Gâtinais qui fut dès
lors réuni à la couronne (1067).

Histoire particulière.

Ce qui prouverait que le lieu où se trouve Thomery a été fréquenté du temps des Romains, c’est la découverte faite en l’an X de la République (1802), sur le penchant du coteau, au lieu dit les Buttes : médailles d’argent, de potin ou de bronze petit moule, offrant les têtes de Gordien Pie, empereur romain, mort en 224, de Philippe, son successeur, de la princesse Otacilia, sa femme, et de Trajan Dèce qui succéda à Philippe. On a trouvé en outre deux forts anneaux en argent garnis de pierre gravées et d’un travail grossier; sur l’un était représentée une Victoire et sur l’autre un cygne ou ibis. On doit croire que, sous ce dernier empereur ou peu de temps après, les troupes romaines ont séjourné en cet endroit. (D’après Michelin).

Mais c’est à saint Merry que l’on devrait le nom du village. Voici, en effet, ce qui explique jusqu’à un certain point l’étymologie de Domery (Domus Mederici) donnée par Michelin. Saint Merry (Medericus), au commencement du viii⁰ siècle, voulut se rendre d’Autun, sa ville natale, à Paris, pour y visiter le tombeau de saint Denis, et prit la voie romaine, qui s'appelle de nos jours l'ancienne route de Bourgogne. Soit que Merry fût menacé déjà des incommodités qui, un peu plus tard, le retinrent longtemps au monastère de Champeaux, soit qu'il voulût traverser la Seine pour passer dans le pays de Brie, il avait été conduit, selon une tradition, du côté du fleuve, par Frodulphe, religieux qui l'accompagnait, et reçut l'hospitalité dans une chaumière. La charité animant toutes les actions du saint abbé, et l'endroit ayant été reconnu bien assis, agréable et salubre, la chaumière ne tarda pas à faire place à une maison appelée du nom du saint (domus Medcrici) destinée au refuge et au soulagement des malades et des *passagers*, et qui aurait été mise au nombre des *matriculæ* ou asiles soutenus au moyen des aumônes des riches et des rois.

Cette maison a dû être victime des déprédations des Normands, après le siège de Paris, en 888. C'est un chef normand, le fameux Bier, surnommé Côte de Fer, lieutenant de Horic, chef des Danois, qui fit camper son armée sur les hauteurs de By et Veneux, et qui aurait donné son nom à la forêt qui fut appelée pendant longtemps forêt de Bier, Bierre ou Bière.

Nous trouvons plus tard l'histoire de Thomery liée à celle de Saint-Denis-de-la-Chartre. On appelait ainsi une église collégiale située à Paris, dans la Cité, près du pont Notre-Dame, laquelle fut vendue le 29 frimaire an VII (19 décembre 1798), et démolie en 1810 pour faire place au Marché aux fleurs.

Nous n'avons malheureusement aucun document qui puisse nous faire connaître comment Thomery est devenu une dépendance de Saint-Denis-de-la-Chartre. Il n'y aurait peut-être pas trop de témérité à dire que le don en fut fait aux chanoines de cette église, en 1013, par un chevalier nommé Ansold et sa femme Reitrude qui tenaient ce lieu d'un comte du Gâtinais. Nous en voyons l'ombre d'une preuve d'après des lettres de Girbert, évêque de Paris, en 1122, confirmant la donation par les susdits, de leurs domaines situés dans le diocèse de Paris et en Gâtinais.

En la même année 1122, Saint-Denis-de-la-Chartre tomba en mains laïques, c'est-à-dire fut administrée par quelque chevalier nommant aux prébendes. Henri de France, frère de Louis VII, la posséda en 1133 en qualité d'abbé; puis la reine Adélaïde, deuxième femme de Louis VII, fit ériger Saint-Denis-de-la-Chartre en prieuré, membre de celui de Saint-Martin-des-Champs. (Lebeuf.)

Les obligations et revenus du prieuré de Saint-Denis-de-la-Chartre ont été inscrits en 30 articles dans le registre du prieur Bertrand de Pibrac, en 1355. On y trouve parmi les revenus la rente et le cens à percevoir, savoir : 70 sols parisis, sur des terrains situés dans les clos appelés depuis les Rentières, la Croix-Blanche, les Chardonnières.

Le prieur de Saint-Denis-de-la-Chartre devait fournir à celui de Saint-Martin-des-Champs une rente de 8 livres payables au commencement de l'année et une autre de 11 livres le premier août, plus deux tonnes de vin fait au pressoir banal de Thomery. (Ce pressoir était situé dans l'emplacement qu'occupe aujourd'hui la maison de M. Constant Charmeux.)

Le prieur de Saint-Martin-des-Champs donnait à celui de Saint-Denis-de-la-Chartre des frocs, des coules, et de quoi vêtir ses religieux moins le prieur et quatre autres dignitaires : infirmier, hôtelier, cellerier, chambrier, appelés baillis dans le Vestiarium Bertrand.

Parmi les vingt-quatre prieurs que l'on connaît jusqu'à la réunion de la mense prieurale faite à la maison de Saint-François de Sales, on distingue :

1° Jean de la Grange, qui vivait sous Charles V (1370) et qui mourut cardinal d'Amiens;

2° Toussaint de l'Espinoy, 1543, curé de Presles;

3° Gilbert Génébrard, docteur en théologie, nommé, en 1566, professeur d'hébreu au collège de France, qui se signala par son zèle pendant la Ligue. En 1592, le Parlement d'Aix, où il était archevèque le déclara déchu de son archevêché pour avoir, dans un *Traité des élections,* attaqué la nomination aux bénéfices par le roi. Gilbert Génébrard alla mourir au prieuré de Semur, 1597. Saint François de Sales se glorifiait d'avoir été le disciple de ce savant.

Les fiefs, les domaines ecclésiastiques, tels que celui de Saint-Denis-de-la-Chartre à Thomery, étaient parfois administrés au nom des communautés par des fermiers ou métayers qui ne dé-

daignaient pas le titre de « seigneur ». C'est ainsi
que les prieurs furent représentés ici, par des
seigneurs liés envers eux par l'engagement de
servir à certaines époques de l'année des fruits,
légumes, poisson, etc., plus les redevances en
argent.

Ces *seigneurs*, à leur tour, avaient pouvoir
pour donner à rente ou à cens, avec faculté d'y
élever des constructions, les parties de terrains
qu'ils ne pouvaient ni ne voulaient cultiver. Ils
recevaient chaque année la rétribution censive ou
la rente des biens que les habitants cultivaient;
alors se sont formés les groupes de maisons.

En 1704, la seigneurie fut donnée à la communauté de Saint-François de Sales, établie par le
cardinal de Noailles, archevêque de Paris, pour
les prêtres âgés.

En 1736, le bénéficier était l'abbé Louis Gaudon, chanoine de l'église de Rouen, prieur de
Saint-Germain; c'est lui qui, au nom de la communauté, conféra à Claude Guyard, avocat au
Parlement de Paris, les droits de propriété et
d'hérédité du château de Thomery, et aux habitants les mêmes droits sur les terrains qu'ils
cultivaient, moyennant des redevances que les

événements de 1789 éteignirent. (Claude Guyard a été inhumé, le 18 octobre 1741, dans l'église de Thomery.)

La mairie de Thomery possède un plan terrier dressé, en 1602, par Courtin, commissaire à terrier. Jusqu'en 1754, ont été dessinées sur ce plan des divisions qui, à leur tour, ont été subdivisées pour aboutir ainsi, à diverses reprises, au morcellement du territoire, tel qu'on le voit aujourd'hui.

En 1705, avait été dressé un état des immeubles dépendant du prieuré de Saint-Denis-de-la-Chartre. C'est dans cet état que se trouvent mentionnés les baux à cens et à rentes et des titres de propriété du fief de Thomery et du pressoir banal. Les archives nationales conservent ces pièces ainsi que des terriers datant de 1528, de 1574, de 1577, de 1602 à 1608, de 1727 à 1754.

Parmi les derniers censitaires, c'est-à-dire ceux qui payaient une rédevance pour jouissance d'immeubles appartenant à la seigneurie, citons, de 1740 au 20 janvier 1790, date à laquelle Antoine Vimal, prieur de Saint-François de Sales, fit sa déclaration :

Denis Michin,
Segogne Bonaventure,
Amand Roze,
Pierre Larpenteur,
Étienne Leclerc,
Pierre Piffault,
Étienne Chagot,
Nicolas Thibault,
Jean Berthier.

(Archives de Saint-François de Sales.)

Le vieux château de Thomery.

C'est le nom que l'on donne aujourd'hui à la maison reconstruite vers 1570, sous Gilbert Génébrard, et dans laquelle ont résidé les réprésentants de Saint-Denis-de-la-Chartre dont nous venons de parler.

Par contrat de mariage du 25 mai 1743 passé devant Claude-Étienne Poinsart, garde-notes, à Thomery, entre Mathurin-Frédéric Delorme, écuyer, avocat au Parlement de Paris, et Marie-Nicole Picorin, veuve de Claude Guyard, ont été déclarés communs le château et les dépendances.

En 1803, le château qui appartenait indivisément aux d^{lles} Delorme descendantes de Mathurin-Frédéric Delorme dont il vient d'être parlé, fut vendu en deux parties ; il passa successivement aux noms de Michin-Lallemand ; Charmeux, François-Dominique ; Charmeux, Jean-Baptiste-François, du Château et François-Dominique Charmeux, chevalier de la Légion d'honneur, capitaine de cavalerie en retraite, qui est le propriétaire actuel du tout.

Le principal corps de bâtiment existe encore ; seulement l'aspect en est bien changé : les grandes fenêtres sont rétrécies, les deux tourelles de chaque côté sont démolies, un étage est supprimé. Mais les anciennes dépendances ont conservé leurs noms ; ainsi nous citerons :

1° Le *Clos* entourant le château, qui était compris, le rectangle dont les limites sont le chemin de la Croix-Blanche, l'ancienne route Ronde aujourd'hui chemin de communication n° 137, le chemin allant à Champagne, et le chemin montant à la Croix-Blanche.

2° Les *Passagers,* ainsi nommés à cause des bâtiments qui servaient à abriter les voyageurs

de passage (aujourd'hui, propriétés Sadron, Andry, Remy-Cuissard, etc.).

3° L'*Allée* ou avenue du château qui partait de
la grille d'entrée actuelle et allait aboutir à la
Seine. Un vivier était entretenu dans l'un des
bas-fonds existants à côté du fleuve.

Des vieillards de la localité attestent avoir vu
abattre les ormes qui bordaient cette allée.

L'habitation du jardinier était située dans l'emplacement où se trouve aujourd'hui la maison de
M. Duval (Edme). *(V. plus loin Notes, Remarques, etc.)*

L'église de Thomery.

L'église de Thomery est sous le vocable de
saint Amand, évêque, qui évangélisa notre région
vers 630, se dirigeant vers le Nord, et qui encou-
rut la disgrâce de Dagobert pour avoir blâmé sa
conduite irrégulière.

Les voûtes du chœur avec leurs nervures en
pierres, la multiplication des arcades entrecroi-
sées, les colonnes engagées, la sculpture et l'ornementation des chapitaux montrent le vieux
gothique ; toutefois les arcades tendant vers la
forme ogivale, il y a lieu de faire remonter la

construction de cette partie de l'édifice au xiiᵉ siècle, époque de la transition entre l'architecture
romane et l'architecture gothique vraie.

Le prolongement de la nef à partir de la chaire
jusqu'à l'entrée est d'un travail moins bien soi-
gné; il date du xvᵉ siècle.

Deux culs-de-lampe se trouvant entre la première travée et la seconde, ornés de figures bizarres, d'écussons et de diverses ornementations,
sont des pièces rapportées et de construction antérieure.

La charpente de l'église de Thomery a été
refaite à l'époque de la construction de cette seconde partie; elle a été cintrée de façon qu'en cas
de manque de solidité des voûtes, on puisse y
fixer un plafond.

Le clocher fut élevé à la même époque. Avant
1833, le clocher, la flèche et la croix avaient ensemble une hauteur de 20 mètres au-dessus du
toit qui lui-même est à 13 mètres du sol. Cette
flèche menaçant ruine a été rognée sous la direction de M. Lebois, architecte de Fontainebleau,
à la date que nous venons d'indiquer. En 1887,
elle a été démolie et reconstruite sous la direction
de M. Jacob, architecte du gouvernement.

Les bas-côtés de l'église ont été construits, en 1717, par le curé Arrault.

Le prolongement du transept de gauche appelé partie *neuve* date de 1769.

En 1860, un prêtre de Thomery, l'abbé Houdin, quelque peu artiste et amateur, a restauré l'intérieur de l'église à l'aide d'un secours obtenu de l'impératrice Eugénie.

Les vitraux de droite et de gauche du chœur (la Vierge et saint Joseph), ont été posés sous M. l'abbé Tardivon, curé de Thomery, en 1867.

Ceux du transept de gauche (N.-D. de Bon-Secours, N.-D. de la Salette, N.-D. de Lourdes), posés à la même époque, ont peu de valeur au point de vue artistique.

M. l'abbé Dépaux, curé desservant actuel, a fait faire, en 1889-90, à l'intérieur, beaucoup de travaux d'appropriation, d'ornementation et d'ameublement.

Un banc-d'œuvre fait par M. Saché, maître menuisier, a été posé sous la deuxième arcade de gauche.

Le maître-autel, qui était appuyé au fond de l'abside, a été avancé sur le chœur. Un tabernacle en marbre blanc acheté récemment surmonte cet autel qui lui-même est aussi en marbre de même couleur.

Un vitrail à trois médaillons, dont les deux supérieurs représentent des apparitions du Sauveur à Marie Alacoque, et celui du bas, le souper d'Emmaüs, vient d'être également posé au milieu de l'abside.

Le chemin de la Croix, les verrières de l'autel de la Vierge, de celui de saint Vincent et des bas-côtés sont dus à la libéralité de personnes bienfaitrices. Remarquons au bas de celle représentant sainte Anne à l'autel de la Vierge, l'image de sainte Félicité dont les traits rappellent la physionomie de Mme la comtesse Greffulhe-Larochefoucauld. Le portrait de son mari, M. le comte Greffulhe, est de même placé au bas de celle du Bon Pasteur de la chapelle de saint Vincent. Cette dernière verrière qui était placée naguère au milieu de l'abside, a été offerte par l'abbé Petitot, natif de la localité et décédé aumônier de la maison centrale de Melun.

L'harmonium à double clavier, donné par la reine Marie-Amélie, est laissé dans la tribune au-dessus de l'entrée de l'église. Il est remplacé avantageusement par un autre bien plus complet placé entre l'autel de saint Vincent et le chœur. Rendons, à ce sujet, hommage à M. l'abbé Dépaux qui est un excellent maître de chapelle.

La chaire à prêcher date 1744, elle a été faite sous l'abbé Poulet. *(V. Notes, Remarques, etc.)*

Les fonts baptismaux sont aujourd'hui entourés d'une grille en fer forgé. Avant 1793, ils renfermaient une cuve ou bassine d'argent massif, donnée par le comte de Toulouse, l'abbé Arrault étant curé de Thomery. Cette cuve a disparu, ainsi que des ornements en velours cramoisi, brodés d'argent et d'or, chasuble, étole, chape, etc. Il ne reste plus du même don qu'une bourse à quêter sur laquelle sont brodées les armes du comte de Toulouse.

En entrant dans l'église, on est frappé du peu de hauteur des voûtes ; rappelons que le sol était autrefois 1^{m}50 environ plus bas qu'il n'est aujourd'hui, et qu'on a dû l'exhausser par mesure d'assainissement. En 1809, il y eut des infiltrations causées par une crue de la Seine.

Il est à regretter que dans l'exécution du travail on n'ait pas tenu compte de certaines sépultures qui ont eu lieu dans l'église même. Citons celles de :

L'abbé Pingard, curé de Thomery, inhumé, le 8 mai 1684, dans le chœur.

L'abbé Perrillault, curé de Thomery, inhumé, le 28 janvier 1698, devant le grand autel.

L'abbé Poulet, curé de Thomery, inhumé, le 12 juin 1776, sous la principale porte.

Messire Denys Duffy, prêtre irlandais, desservant de la chapelle du château de la Rivière, appartenant alors au comte de Toulouse, inhumé le 22 août 1727, devant l'autel de saint Jean.

Adrien-Philippe-Joseph Ghislain, prince de Berghes, le 28 octobre 1773, à gauche de l'autel.

Gabrielle-Henriette de la Marche, épouse de M. de Château-Brun, 21 avril 1780.

Comme tableaux et statues, l'église ne renferme, à notre sens, aucun œuvre d'art remarquable. Citons cependant : 1º une Descente de Croix, mauvaise copie du tableau de Rubens, où le disciple ou l'admirateur des œuvres du grand maître a fait un emploi surabondant de terre de Sienne. Cette toile est placée au-dessus du confessionnal, dans la partie neuve. 2º Le Martyre de saint Étienne, copie de Carrache, au-dessus de la porte de la sacristie dans la même partie. 3º Et à côté de la dite porte, la Rencontre de Jésus et Marie-Madeleine, composition Renaissance qui paraît être de l'école de Moralès de Castille, vu le soin du coloris, mais aussi la dureté des contours et l'inexactitude de proportions. 4° Citons aussi un saint Pierre, de Banelli, datant de 1828.

Avant 1806, autour de l'église s'étendait le cimetière que quelques vieillards nous affirment avoir vu.

Simple remarque faisant voir que le temps est impitoyable et l'avenir impénétrable : ce cimetière est aujourd'hui la place publique où se tiennent le marché et les fêtes du pays. Horreur! Quel souvenir auront de nous nos arrière-neveux? de nous, qui dansons sur les ossements et les cendres de nos derniers ancêtres! *(V. Notes, etc.)*

Les anciennes chapelles.

1° LA CHAPELLE A ROCHER OU DE SAINT CLAUDE.

Cette chapelle, démolie en 1793, avait été construite, en 1775, sur le terrain appartenant aujourd'hui à M. Frontier, près de la Croix-Frichet, également disparue, laquelle avait été élevée au carrefour formé par la route d'Effondré à Fontainebleau, la Ruelle à Grangy et le chemin de l'Homme-Mort montant aux Sept-Arpents.

L'an 1775, le onze may, nous, prêtre, curé de Vernou, soussigné, en vertu de la commission à nous donnée par Son Éminence Monseigneur le Cardinal de Luynes, archevêque de Sens, en date du vingt-cinq avril de la même année, signée Chambertrand, vicaire général, et sous le bon plaisir de M° Claude Poulet, curé de Thomery, avons procédé à la bénédiction de la chapelle fondée en l'honneur de saint Claude et de sainte Geneviève, située au hameau d'Effonderay, construite par les soins du Sr Claude Rocher sur un de ses héritages pour y être célébré la messe basse aux Rogations et jour de fête de saint Claude et sainte Geneviève, ainsi qu'il est énoncé en la ditte permission. Étaient présents à la bénédiction M° Corpechot, vicaire de la paroisse de Thomery et notre clerc assistant, du dit Sr Claude Rocher fondateur, de Claude Rocher fils, de Louis Benoist, d'Étienne Michain, de Thomas Larpenteur Charles Roze et autres qui ont signé avec nous.

Suivent les signatures dont la dernière est celle de l'officiant, frère du fondateur : Rocher, curé de Vernou.

2° LA CHAPELLE DE SAINTE ANNE, A BY.

Au mois de juillet de la même année 1775, une nouvelle chapelle était érigée au château de By ; nous donnons également copie de l'acte de bénédiction :

L'an 1775, le 13 juillet, nous, prêtre, curé de Vernou, soussigné, en vertu de la commission à nous donnée par Son Éminence Monseigneur le Cardinal de Luynes, archevêque de Sens, en date du quatre juillet de la même année, signée Chambertrand, vicaire général et contresignée Lepellerin, chanoine secrétaire, avec paraphe, et par le bon plaisir de M⁰ Claude Poulet, curé de Thomery, avons procédé à la bénédiction de la chapelle fondée en l'honneur de sainte Anne, située au hameau de By, paroisse de Thomery, construite par les soins du Sʳ Jean Maximilien Leleu, seigneur du dit hameau, dans l'enclos des murs de son château, pour y être célébrée la messe basse tous les jours et dimanches et fêtes de l'année, excepté les sᵗˢ jours de Pâques, Pentecôte, l'Assomption de la sainte Vierge, la Toussaint et Noël, et le jour de la fête de saint Amand, principal patron de la dite paroisse de Thomery, avec deffenses néanmoins que la messe y soit dite aux mêmes heures de l'office de la paroisse. — Étaient présents à la bénédiction M⁰ Corpechot vicaire de la dite paroisse et notre clerc assistant, Mʳᵉ Pierre de Forges, marquis de Châteaubrun habitant de La Rivière, paroisse de Thomery, les Srs Estornel, curé de Champagne, Barbe, curé de Villecerf, Perrache curé de Montarlot, Chevalier curé de Ville-Saint-Jacques et Poulet curé de Thomery, et de plusieurs autres amis qui ont signé avec nous.

Suivent les signatures.

Le hameau de By et son château.

L'origine du mot « By » est incertaine. Selon une tradition, on faisait autrefois beaucoup de miel à By et à Veneux qui dépendait en partie de la seigneurie de By, et le château d'aujourd'hui aurait été autrefois, vers 1400, la résidence d'un officier royal préposé à la garde des abeilles qui allaient « butiner dans les herbages, genêts et bruyères de la forêt de Bierre »; et cet officier était désigné sous le nom de *bigre*. De là viendrait le mot Bige, Bye, By. Un personnage nommé Henri de Bye, commandeur de Saint-Jean-de-Latran, habitait cette maison en 1420.

On lit dans beaucoup d'anciens actes le mot « Bick » pour By. Voici comment s'explique cette orthographe :

Pendant la guerre de Cent ans, les Écossais

envoyèrent des secours aux Français et Charles VII créa une garde écossaise. Un officier de cette garde, du nom de David de Bick, attaché à François Ier, a résidé au château de By, et le nom de cet officier donné d'abord au château, « maison de Bick », le fut au hameau, et figura pendant longtemps dans les actes publics.

La seigneurie de By jouissait des mêmes privilèges et avantages que celle de Thomery, à l'égard des habitants du lieu, et était assujettie aux mêmes obligations envers le roi.

Les derniers seigneurs de By, dont il est fait mention dans les contrats sont : François du Quesnoy, chevalier, seigneur d'Agvile, ou Acqueville, en Normandie, et de By, 1707, issu au huitième degré de Jean du Quesnoy, chevalier, seigneur du Quesnoy, qui vivait en 1378. Il avait pour épouse Jacqueline de Saint-Remy, fille de Jacques, seigneur de Lamotte-Fouqué. A sa mort, en 1730, le château de By passa à Jean-Maximilien Leleu, dont la veuve Anne Michelin, morte en 1803, fut inhumée sous l'autel de la chapelle dudit château.

Cette dame se faisait remarquer par sa grande

charité et sa grande piété. A sa mort, MM. Buron et Gérard, ses neveux, habitèrent pendant quelques années le château et le vendirent ensuite à M. Pierre Michel, puis remboursèrent au Bureau de bienfaisance de Thomery, le capital de la rente servie annuellement par leur tante et continuée après son décès, selon l'exécution de son testament reçu par M° Déchambre, notaire à Thomery, en 1791.

M. Pierre Michel a cédé ensuite le château à son beau-fils, Louis-Jacques Fabvre, fils de Marie-Françoise Lecourtois, femme divorcée d'un nommé Fabvre. La famille Fabvre y résida ensuite jusqu'en 1860, époque à laquelle Mlle Rosa Bonheur, la grande artiste-peintre, s'est rendue propriétaire dudit château. (Voir plus loin.)

Le château de la Rivière.

Ce château construit par Roch Le Baillif, sieur de la Rivière, astrologue, conseiller et premier médecin de Henri IV, est situé à l'extrémité ouest d'Effondré, sur le bord de la Seine et au pied d'un escarpement couronné d'un parc magnifique séparé par un mur de la forêt de Fontainebleau.

La résidence de Henri IV à Fontainebleau, l'affection particulière qu'il avait pour celle des Pressoirs du Roy, avaient déterminé ses conseillers et officiers à demeurer près de lui. Le château de la Rivière a donc une origine de même date que les anciens hôtels d'Effondré dont nous parlerons plus loin à propos du château des Pressoirs. Or ce dernier domaine ayant été aliéné en 1597, c'est donc antérieurement à cette année que la maison de la Rivière fut construite.

Roch Le Baillif fut l'un des témoins de la naissance de Louis XIII, à Fontainebleau, le 27 septembre 1601, et tira l'horoscope du nouveau-né.

La maison de la Rivière était un bâtiment irrégulier entouré de communs peu considérables. Les beaux marronniers qui l'ombragent aujourd'hui, ont été plantés à la même époque; l'escalier qui se trouve du côté de la façade du midi, appelé dans la localité l'escalier de Penthièvre, a été construit depuis. Le but de cette construction aurait été d'agrémenter la pente tout en la consolidant, pour empêcher le ravinement des eaux pluviales en face le château, et non d'en faire un accès à un édifice projeté à mi-côte.

Roch le Baillif mourut à Paris en 1605. Ses descendants furent pour la plupart médecins ou chirurgiens. Jusqu'en 1671, à diverses dates et à l'occasion de baptêmes ou de sépultures, nous trouvons sur les registres paroissiaux, les signatures suivantes : Henry Rivière, Henry de Rivière et Henry de la Rivière; mais aucun titre ni qualification n'étant mentionnés dans les actes, nous ne pouvons affirmer que ces signatures soient celles de personnages de la famille de Roch Le Baillif. Ce qui nous le fait seulement supposer, c'est qu'à partir de 1671, c'est-à-dire vers l'époque à laquelle le domaine passa à la famille de Beringhen, il n'existe plus sur les dits registres aucune signature du nom de Rivière.

Les Beringhen étaient des seigneurs de Bourron qui furent de père en fils écuyers de Louis XIV.

Citons, parmi les membres de cette famille :

1° Frédéric de Beringhen, seigneur de la Rivière.

2° Jacques-Louis de Beringhen, seigneur de la Noue, et son épouse Marie-Madeleine-Elisabeth Fare d'Aumont.

3° Jacques-Louis de Beringhen, marquis de Châteauneuf, comte d'Armainvilliers, et son épouse Marie-Louise-Henriette de Beaumanoir de Lavardin.

4° Marie-Louise-Nicole, leur fille unique, nommée abbesse de Faremoutiers le 13 septembre 1728.

Une partie des domaines de la famille de Beringhen fut ensuite aliénée. C'est alors que la maison de la Rivière fut achetée par le comte de Toulouse, qui sut y apporter les agréments d'une petite cour. *(V. Notes, Remarques, Actes divers.)*

Louis-Alexandre de Bourbon, comte de Toulouse, fils légitimé de Louis XIV et de M^mo de Montespan, eut le titre d'amiral de France dès l'âge de cinq ans (1683). Il se distingua dans la guerre de la succession d'Espagne (1700-1710). Il épousa la marquise de Gondrin de Noailles. Ce prince, suivant le témoignage d'un écrivain de l'époque, était l'honneur, la droiture, l'équité, la vertu même.

Il fit construire dans le château de la Rivière une chapelle. Nous donnons ci-après la copie de l'acte relatant les cérémonies de pose de première pierre et de bénédiction.

Le jeudi quatorze may, mil sept cent seize, après la permission à moy accordée par monsieur Amette, vicaire général de l'église de Sens, le siège vacant, en datte du deux may précédent, j'ay bénit la première pierre de la chapelle bastie et construite dans le chasteau de la Rivière apartenant à Monseigneur le comte de Toulouse, prince du sang, ledit chasteau basti dans le territoire de cette paroisse de Thomery, dans laquelle pierre, j'ay mis quinze pièces d'argent frappées au coin de mondit Seigneur le comte de Toulouse, d'un costé, et de l'autre est gravé et imprimé son portrait, lesquelles pièces sont enfermées dans ladite pierre par une plaque de cuivre sur laquelle d'un costé est gravée une croix, et de l'autre les armes de mondit Seigneur le comte de Toulouse avec cette inscription : « en l'année mil sept cent seize, Louis quinze roy de France régnant, Monseigneur Louis Alexandre de Bourbon, Prince du sang a fait bastir et construire une chapelle dans son chasteau de la Rivière, territoire de la paroisse de Thomery. » Et ladite plaque a été posée par mondit Seigneur, en présence de Monsieur le Curé de Champagne qui m'a accompagné dans la cérémonie, avec une partie du clergé de l'église de Thomery, de Monsieur le marquis d'O, et de plusieurs seigneurs composant la cour du prince. — Et le vendredy vingt-neuf des mêmes mois et an, je me suis processionnellement transporté dans

la chapelle dudit chasteau de la Rivière, où étant arrivé,
après la permission comme dessus, j'ay bénit ladite
chapelle accompagné de monsieur l'abbé Picault aumônier de mondit seigneur le comte de Toulouse, de
monsieur Le Tellier curé de Champagne, de messieurs
Desmaisons et Lamy prestres de la mission, demeurant
à Fontainebleau, et de tout le clergé de mon église, en
présence de plusieurs seigneurs de la Cour de mondit
Seigneur le comte de Toulouse, de plusieurs de ses
officiers et domestiques, et d'un grand concours du
peuple, qui ont assisté à la bénédiction et à la sainte
messe que moy Louis Arrault prestre et curé de
Thomery ay célébrée après la bénédiction.

Suivent les signatures.

Le domaine revint ensuite au duc de Penthièvre, fils du comte du Toulouse (1725-1793), qui se
distingua aux journées de Dettingen et de Fontenoy et qui garantit la Bretagne contre un débar-
quement des Anglais. C'était un homme austère,
exerçant toutes les vertus. Il eut la douleur de
voir mourir son jeune fils, le prince de Lamballe,
et de survivre à sa belle-fille égorgée par les sep-
tembriseurs en 1792. Sa popularité le préserva
des excès révolutionnaires.

« L'arrivée du duc de Penthièvre au château
était un jour de joie pour les habitants d'Effondré

et de Thomery. Lorsque quelqu'un avait vu le courrier arriver, le bruit s'en répandait dans tout le village et la population se portait en foule dans la route des Princes, construite par ordre du comte de Toulouse, à la rencontre du bon duc qui recevait les hommages et les vœux des habitants, distribuant des secours aux uns, donnant à d'autres des paroles préférables aux dons. » (M^{mo} d'Armaillé.)

Le bon duc Penthièvre avait le goût pacifique des arts mécaniques. Le pavillon portant son nom et qu'il a fait élever à l'extrémité de la prairie, était un musée rempli de chronomètres, horloges et montres de toutes dimensions et de toutes époques.

Comme son père, il a essayé d'établir près de la berge de la Seine, un peu en aval du château, une machine à l'instar de celle de Marly, pour élever l'eau dans la propriété. Cette machine, selon le projet présenté par Rets père, ingénieur, et Thibault, plombier-machiniste, rue Saint-Sauveur à Paris, devait envoyer l'eau dans un réservoir à 150 pieds sur le faîte de la côte, et donner 150 muids d'eau par heure ; mais le projet a dû être abandonné.

Depuis 1889, le service hydraulique a pour moteur une machine à vapeur, et au moyen d'un système bien agencé de vannes et de pompes, l'eau monte pour se déverser dans de vastes bassins creusés et cimentés sur le sommet de la côte. Ce travail a été exécuté par MM. Séné, ingénieur-constructeur, boulevard Magenta, et Millot, cimentier, rue Pierre Charron, à Paris.

Le duc de Penthièvre quitta la résidence de la Rivière en 1773, pour aller à Rambouillet, à Sceaux. Il mourut au château de Vernon (Eure) en 1793. Le duc de Penthièvre eut sept enfants, dont cinq sont morts en bas âges ; les deux autres sont :

1° Le prince de Lamballe, décédé le 6 mai 1768, âgé de vingt ans et demi, au bout de quinze mois de mariage, et laissant pour veuve Marie-Thérèse Louise de Savoie-Carignan, une des déplorables victimes des massacres de septembre (1792).

2° Mademoiselle de Bourbon-Penthièvre, mariée au duc de Chartres, depuis duc d'Orléans, plus connu sous le nom de Louis-Philippe Égalité, et par conséquent mère de Louis-Philippe, roi des Français.

Vers 1770, le château de la Rivière fut acheté

par Pierre de Forges, marquis de Château-Brun, lieutenant des maréchaux de France, chevalier de l'Ordre de Saint-Louis. Son épouse, Gabrielle-Henriette de la Marche, décédée à l'âge de 45 ans, a été inhumée dans l'église de Thomery, le 21 avril 1780.

Rapportons, d'après M. de Vaublanc, comment Guillaume-François-Anne de Forges de Château-Brun, leur fils, échappa à la guillotine.

M. de Château-Brun, condamné à mort par le tribunal révolutionnaire, fut mis dans le fatal tombereau conduit sur la place de la Révolution. Après la Terreur, il est rencontré par un de ses amis qui pousse un cri d'étonnement, ne peut croire ses yeux et lui demande l'explication d'une chose si étrange. — Il fut conduit au supplice avec vingt autres victimes malheureuses. Après douze ou quinze exécutions, l'horrible instrument se brisa; on fit venir un ouvrier pour le réparer. Le condamné était avec les autres victimes auprès de l'échafaud, les mains derrière le dos. La réparation fut longue. Le jour commençait à baisser; la foule des spectateurs était occupée du travail qu'on faisait à la guillotine bien plus que des victimes qui attendaient la mort; tous les gendarmes eux-mêmes avaient les yeux attachés sur l'échafaud. Résigné, mais affaibli, le condamné se laissait aller sur les personnes qui étaient derrière lui. Pressées par le poids de son corps, elles lui firent place machinalement; d'autres firent de même,

toujours occupées du spectacle qui captivait leur attention. Insensiblement, il se trouva dans les derniers rangs
de la foule, sans l'avoir cherché, sans y avoir pensé.
L'instrument rétabli, les supplices recommencèrent; on
en pressa la fin. Une nuit sombre dispersa les bour-
reaux et les spectateurs. Entraîné par la foule, il fut
d'abord étonné de sa situation, mais il conçut bientôt
l'espoir de se sauver. Il se rendit aux Champs-Élysées;
là il s'adressa à un homme qui lui parut être un ouvrier. Il dit en riant que des camarades avec qui il ba-
dinait lui avaient attaché les mains derrière le dos et
pris son chapeau en lui disant d'aller le chercher. Il
pria cet homme de couper les cordes. L'ouvrier avait
un couteau et les coupa en riant du tour qu'on lui ra-
contait. — M. de Château-Brun lui proposa de le régaler
dans un cabaret des Champs-Élysées. Pendant ce petit
repas, il paraissait attendre que ses camarades vinssent
lui rendre son chapeau; ne les voyant pas arriver, il
pria son convive de porter un billet à un de ses amis
qu'il voulait prier de lui apporter un chapeau, parce
qu'il ne voulait pas traverser les rues tête nue. Il ajou-
tait que cet ami lui apporterait de l'argent et que ses
camarades avaient pris sa bourse en jouant avec lui.
Le brave homme crut tout ce que lui disait M. de Cha-
teau-Brun, se chargea du billet et revint une demi-
heure après avec cet ami. *(Voir Notes, Remarques, etc.)*

Necker, le fameux ministre des finances des
jours précurseurs de la Révolution, fut l'hôte du

château de la Rivière avec sa fille, Mme de Staël,
qui rédigeait à l'époque un plan d'évasion pour
Louis XVI et qui ne craignit pas d'adresser au
gouvernement une défense de Marie-Antoinette.
Mme de Staël est, entre les femmes auteurs, celle
qui a le plus contribué à l'introduction du bon
goût dans la littérature française. — Le château
à cette époque était habité par Jean-Baptiste-
Étienne de Narp, écuyer, chevalier de l'Ordre
royal et militaire de Saint-Louis, et Marie-Fran-
çoise-Laurence de Fontenelle, son épouse. *(Voir
Notes, Remarques, Actes, etc.)*

En 1816, M. François Boursier, ancien commissaire des guerres, ordonnateur des gardes du
corps du roi Louis XVI, acheta le château de la
Rivière. Il fut inhumé dans le cimetière de Thomery; sa pierre tombale porte l'inscription suivante que nous reproduisons, car on ne saurait
trop honorer la mémoire de ceux qui ont fait le
bien.

Ici, repose Messire François Boursier......... mort
à Fontainebleau, le 28 juin 1829. — De grandes et belles
qualités le rendirent cher à tous ceux qui le connurent;
à la loyauté, à la courtoisie de la noblesse de cette

époque, il joignait la science profonde du philosophe ;
ami des lettres et des beaux-arts, il avait parcouru
l'Europe dont il parlait toutes les langues. — Sa modestie égalait sa haute sagesse. — Après avoir consacré sa
jeunesse au service de son pays, en 1791, il vint se re-
tirer au château de la Rivière où sa vie s'écoula dans
l'étude, l'éducation de ses enfants et la pratique de
toutes les vertus. Les habitants de Thomery dont il
fut maire jusqu'en 1828, n'ont point oublié son amour
de la justice et de l'affection qu'il leur portait à tous.

M. Boursier avait épousé dame Marie-Charlotte
Marrier, fille de Jean-Louis Marrier de Chanteloup, écuyer, ancien conseiller du roi, lieutenant
en la maîtrise particulière des eaux et forêts.

En 1820, le château de la Rivière fut de nouveau vendu : il fut acheté par M. le général comte
Philippe de Ségur.

M. de Ségur était le fils du comte Louis-Philippe de Ségur, lieutenant général, qui prit part à
la guerre d'Amérique sous le général Lafayette ; et
qui fut plus tard, 1803, membre de l'Académie
française, petit-fils de Philippe-Henri de Ségur
qui, au combat de Clostercamp, fut blessé et pris
après avoir imité le dévouement du chevalier
d'Assas, 1760 ; — et arrière-petit-fils du Beau

Ségur, qui se distingua à Prague, pendant la guerre de la succession d'Autriche en 1740.

M. de Ségur, après avoir été un des officiers les plus brillants du premier Empire, et après avoir pris une part des plus glorieuses à la campagne de Russie, raconta lui-même cette campagne dans son *Histoire de Napoléon et de la Grande Armée,* qui eut un immense succès.

En 1830, il fut admis à l'Académie française où son père siégeait encore. « Viens ! s'écria celui-ci, les yeux brillants de joie, les bras ouverts, viens que j'embrasse mon confrère, nommé à l'unanimité, et le premier académicien français devenu collègue de son père ! » C'est à partir de cette époque que M. de Ségur fit du château de la Rivière sa résidence habituelle, et c'est là dans le pavillon de Penthièvre qu'il rédigea une partie de ses Mémoires et Méditations.

« Ce vétéran des jours de gloire, dit M. Saint-René-Taillandier, n'a pas eu le bonheur de quitter le monde avant nos derniers désastres ; il a passé à Paris les sombres mois du dernier siège. On devine aisément ce qu'il souffrit pendant ces heures d'angoisses ; mais comment dire ce qu'il éprouva lorsqu'à l'humiliation de nos désastres s'ajouta l'horreur des forfaits de la Commune. Désolé, consterné, il resta droit et ferme. Un jour, des délégués de la Commune, revêtus de l'uniforme militaire, étaient venus faire une perquisition dans son hôtel : il eut une attitude si digne qu'il leur imposa le respect. Après quelques paroles, troublés, incertains, les délégués renoncèrent à leur mission ; seulement l'un d'entre eux, en se retirant, changea soudain de langage et pria le général de leur donner de l'argent. A ce mot, le général changea de ton et d'allure : « Sortez d'ici, leur dit-il, vous déshonorez l'uniforme ! » Il ne parlait plus comme la victime déjà prête qui brave et intimide les meurtriers; il parlait comme un général à des soldats. Les malheureux sortirent le tête basse; ils avaient entendu l'accent du maître; quelque chose avait tressailli en eux à ce commandement de l'honneur indigné. »

Le général de Ségur survécut deux ans aux catastrophes de 1871. Il mourut le 25 février 1873, âgé de 93 ans. Sa mort fut un grand deuil pour tous ceux qui l'avaient connu.

M. de Ségur avait épousé en secondes noces

Mme Marie-Françoise-Célestine de Vintimille du Luc.

La maison des comtes de Vintimille est des plus illustres et des plus anciennes de Provence. Le P. Anselme commence la généalogie de cette maison en 1185.

Les seigneurs et marquis du Luc descendent de François de Vintimille des comtes de Marseille, baron de Tourve, qui vivait en 1600.

Louis-Joseph de Vintimille, un de ses descendants, fut tué au siège de Lille en 1667, à l'âge de 17 ans.

Charles-Gaspard-Guillaume de Vintimille, son frère, fut nommé évêque de Marseille en 1684, archevêque d'Aix en 1708, signala son zèle et sa charité durant la peste de 1720 et 1721, fut reçu commandeur de l'Ordre du Saint-Esprit le 3 juin 1724 et mourut archevêque de Paris le 13 mars 1746. Son autre frère, Charles-François de Vintimille, marquis des Arcs, continua la postérité. Il servit aux sièges de Condé, de Bouchain et d'Aire en 1677. Il perdit le bras droit à la bataille de Cassel même année, se distingua aux bombardements d'Alger et de Gênes, fut plénipotentiaire au traité de Bade 1714, ambassadeur en 1716, reçut le collier des ordres en 1724 et mourut le 19 juillet 1740, âgé de 87 ans.

Gaspard-Magdelon-Hubert de Vintimille, son fils, dit le marquis du Luc, fut lieutenant général des armées royales le 24 février 1738; il avait épousé, le 18 juin 1714, Marie-Charlotte Pompon de Refuge et eut pour fils Jean-Baptiste-Félix-Hubert de Vintimille, brigadier de cavalerie en 1745, lequel épousa Pauline-Félicité de Mailly de Nesles, dont la famille jouissait d'un grand crédit à la cour de Louis XV, malgré l'aversion de la reine Marie Leczinska.

Mme de Vintimille mourut le 10 septembre 1741, dix jours après avoir donné naissance à Charles-Emmanuel-Marie-Magdelon de Vintimille, marquis des Arcs.

Ce dernier épousa Marie-Marguerite-Madeleine-Adélaïde de Castellane, fille de Gaspard Boniface de Castellane, des Pressoirs du Roy, et eut pour fils Charles-François de Vintimille, lequel épousa Artois de Lévis dont le père, le maréchal de Lévis, successeur de Montcalm dans la guerre du Canada, ne put malgré les plus louables efforts reprendre cette possession aux Anglais qui s'en étaient emparés.

En 1790, Charles-François de Vintimille du **Luc** émigra, laissant en France sa belle-mère, la maréchale de Lévis et sa femme Artois de Lévis qui périrent sur l'échafaud en 1793. — Rentré en France, il obtint de faire partie de l'expédition contre Toussaint-Louverture, général noir qui avait proclamé l'indépendance de Saint-Domingue, et périt dans un naufrage, près de la Martinique, en 1803.

Ses trois filles (plus tard Mmes Greffulhe, de l'Aigle, de Girardin), après la mort de leur mère, furent encore l'objet d'une proscription : on devait les arracher aux protecteurs qui leur restaient pour les élever comme « enfants trouvés, leur faire oublier leur famille et avilir et détruire ainsi à jamais jusqu'au souvenir d'une race détestée. » (Récit de Mme Greffulhe devenue alors comtesse de Ségur.) Une de leurs anciennes domestiques, native du village de Champagne, Cécile Meunier, avait au péril de sa vie donné asile à ces enfants et les avait cachées dans un grenier. Après le 9 thermidor, elles furent recueillies au château des Pressoirs par leur grand'tante Marie-Thérèse-Jospèhe de Castellane, princesse de Berghes.

Mme Marie-Françoise de Vintimille du Luc,

l'aînée des filles, épousa en premières noces
M. Greffulhe.

Les ancêtres de M. Jean-Henri-Louis Greffulhe,
lors de la révocation de l'édit de Nantes, durent se
réfugier en Hollande où ils se livrèrent à des opé-
rations de banque qui leur valurent une fortune
déjà considérable au xviiie siècle.

Pendant la Revolution, les Greffulhe rendirent
de très grands services à nombre de gentilshommes français émigrés dans les Pays-Bas.

Pendant les Cent-Jours, Louis XVIII avait eu
recours à leur maison de banque et avait éprouvé
de leur part des procédés si pleins de délicatesse
et de tact qu'il en avait conservé un souvenir
profond.

Le trône des Bourbons restauré, la noblesse
royaliste rentrée en France, les Greffulhe béné-
ficièrent naturellement du rôle qu'ils avaient joué
durant les jours d'épreuve et trouvèrent toutes
les portes, mêmes les plus difficiles d'accès d'ordinaire, ouvertes devant eux.

En 1814, M. Jean-Henri-Louis Greffulhe avait
reçu ses lettres de grande naturalisation.

En 1817, il recevait le titre de comte.

En 1818, il était élevé à la dignité de pair de France.

La faveur royale acquittait ainsi une dette de reconnaissance contractée envers les Greffulhe.

M. le comte Greffulhe et Mme de Vintimille eurent trois enfants : deux garçons et une fille.

Les deux fils furent MM. les comtes Charles et Henri Greffulhe.

M. le comte Henri Greffulhe, décédé il y a environ dix ans, était membre fondateur du comité des courses au Jockey-Club; il fut un des patrons les plus actifs de la société d'encouragement et son nom restera attaché au progrès des courses de chevaux en France.

Très avenant de manières, très sympathique à tous, les électeurs de Seine-et-Marne en firent leur conseiller général pendant plus de trente ans.

En 1877, il fut élu sénateur.

M. le comte Charles Greffulhe, décédé au mois de septembre 1888, était entré à la Chambre des pairs en 1839. Fidèle à ses affections politiques, quand il vit, en 1848, renverser le gouvernement qu'il avait servi avec dévouement, il se retira de la vie politique et déclina toutes les avances qui lui furent faites depuis pour y rentrer. Restant toujours un bon et éclairé citoyen, attaché à l'ordre, étranger à toute rancune étroite, s'il n'intervint plus dans les intérêts généraux du pays, il consacra, en revanche, plus que jamais son activité et son dévouement à ceux de l'humanité et se voua avec un zèle infatigable et une générosité inépuisable aux œuvres du bien. (Chronique du *Figaro*. Jacques Swell.)

En 1846, M. le comte Charles Greffulhe avait épousé Mlle Marie-Félicité de La Rochefoucauld d'Estissac, sœur du comte Arthur de La Rochefoucauld et de la princesse Borghèse.

De ce mariage naquirent la princesse Auguste d'Arenberg, la comtesse Robert de l'Aigle et le comte Henri Greffulhe, marié à la princesse de Chimay. M. le prince d'Arenberg est aujourd'hui député du Cher. M. le comte de l'Aigle l'est pour l'Oise, et M. le comte Henri Greffulhe, déjà conseiller général pour le canton de Mormant, est aussi député de Seine-et-Marne pour l'arrondissement de Melun.

Les deux frères, comtes Greffulhe, avaient les mêmes sentiments en parfaite harmonie avec les

manières, traversant la vie l'esprit toujours droit,
le cœur ferme, la tête haute, jouissant des faveurs de la fortune avec une modestie simple,
pleine de charme, comme d'autorité.

Rappeler les fondations charitables auxquelles
leur nom demeurera attaché est un hommage qui
leur est légitimement dû. Qui n'a entendu parler
du bel hospice de Levallois-Perret! Qui ne connaît les asiles où, par les soins de Mme la comtesse Greffulhe, sont recueillis tant de vieillards
et d'orphelins!

Partout on sait que la bienfaisance est de règle
parmi les membres de cette noble famille. A côté
des grandes œuvres de charité qui ont tant de
retentissement, on peut retrouver leur main dans
nombre de bonnes actions accomplies de la façon
la plus délicate et la plus discrète.

Devenue veuve, Mme Greffulhe née de Vintimille
du Luc, mère des deux frères dont nous venons
de parler, se remaria avec M. le général de Ségur
qui lui-même, d'un premier mariage, avait eu un
fils. Ce fils, M. le comte Paul de Ségur, épousa
Mlle Greffulhe et de ce mariage naquit M. le comte
Louis de Ségur, ancien député, conseiller géné-

ral, actuellement au château de Lorrez-le-Bocage.

M. et M^mo de Ségur eurent ensuite deux filles : Mme la comtesse de Galard, décédée au château de la Rivière en 1867, à l'âge de trente-cinq ans, et M^mo la comtesse de la Forest d'Armaillé qui a réuni dans un style plein de noblesse et d'élégance les *Notes et souvenirs* sur son illustre famille.

Le château de la Rivière, résidence d'été de la famille Greffulhe, a été acquis par cette famille des héritiers de M. le comte d'Armaillé, en 1874.

Le domaine de Saint-Aubin.

A l'extrémité du parc du château de la Rivière, côté d'Avon, se trouve l'ancien domaine de Saint-Aubin, ainsi nommé d'une chapelle élevée vers 1550, par François Aubin de Roquelaure de Sédillac, à côté d'un ermitage où il s'était retiré, après la mort de sa femme. La maison, dont il ne reste aujourd'hui que les ruines et les caves, a dû être construite par Nicolas de Bréhem, de Bellengreville, gentilhomme de François duc d'Alençon, frère de Charles IX. (D'après des Anthels officier de la garde-robe de Louis XVI.)

Pendant longtemps, on venait le 1er mars en

pèlerinage invoquer le saint et boire de l'eau de la source qui était dans la chapelle « afin de guérir de la fièvre. »

Saint-Aubin fait partie de la commune d'Avon, comme il fut autrefois de la paroisse.

Suit extrait d'un acte de réformation de 1664, concernant les maisons usagères de cette paroisse.

AVON. — RÉFORMATION EN 1664

Forêt de Fontainebleau.

ÉTAT des maisons usagères de la paroisse d'Avon et hameaux en dépendant, que présentent par devant Mgr de Barillon d'Hamoncourt, conseiller du Roi en ses Conseils, Maitre des requêtes ordinaires de son hôtel, commis, député par S. M. pour la réformation générale des Eaux et forêts au département de l'Isle de France, les syndics et marguilliers et habitants dudit Avon et hameaux en dépendant ainsi qu'il en suit :

Premièrement.

. . . .

Au quartier Saint-Aubin.

Il y a deux maisons anciennes deppandantes de la ditte paroisse d'Avon occupées par les héritiers Legoux, Vespazien Brochard et Madame Filbert, tenant à la forêt de bierres en laquelle maison desdits Gouts (*sic*) il y a trois demeures comptées pour un feu et les deux autres demeures pour un feu.

A la révocation de l'édit de Nantes, la maison de Saint-Aubin était habitée par une famille de protestants, celle de Bourbiton qui fut obligée de quitter la France.

« Avant de partir pour l'exil, dit la légende, les maîtres firent venir, par une nuit très noire, leur plus fidèle serviteur, un nommé Toussaint; ils lui dirent qu'ils allaient cacher leur trésor en lieu sûr et qu'ils comptaient sur lui dans cette besogne, mais qu'il allait travailler la vue bandée, car personne ne devait connaître le lieu de la cachette en attendant le retour des maîtres. Toussaint se prêta de meilleure grâce à ce travail, pensant bien s'y reconnaître et profiter de l'aubaine dans le cas où ses bien-aimés maîtres mourraient sur la terre étrangère. Ceux-ci moururent, en effet, mais Toussaint ne s'est jamais reconnu dans les chemins, circuits et détours qu'on lui avait fait faire pour aller à la cachette. Cependant il a toujours supposé qu'on l'avait conduit dans un vaste souterrain qui, dit-on, existe non loin des ruines de la maison et qui s'étend sous la pièce de terre cultivée. Toussaint mourut à son tour sans avoir pu découvrir le trésor qui depuis cette époque reste enfoui. »

Les anciens propriétaires de Saint-Aubin furent depuis :

Pierre de Varennes, marquis de Bourron, et Marie-Henriette de Beringhen.

Bouttevillain de la Ferté.

Louis-Edme Daubenton, ancien garde du cabinet d'histoire naturelle du roi, membre des académies de Nancy et de Philadelphie, décédé à l'âge de 55 ans, le 12 décembre 1785, et que beaucoup d'auteurs confondent avec Daubenton, le naturaliste, collaborateur de Buffon.

Jean Devèze, médecin, décédé à Fontainebleau, le 14 septembre 1829.

La dernière propriétaire de Saint-Aubin fut Mme de La Morlière, veuve d'un officier payeur de Louis XVIII, laquelle vendit le domaine à M. le comte de Ségur.

Le château des Pressoirs-du-Roy.

Le château des Pressoirs du Roy, qui faisait autrefois partie de la paroisse de Thomery, est situé sur le territoire de la commune de Samoreau, de l'autre côté de la Seine, en face Effondré ; mais son histoire est en entier liée à celle de notre village, car les hôtels formant la plus grande partie des dépendances de ce château étaient situés à Effondré. Au temps de François Ier, vers 1520, il y avait, à l'endroit qu'occupe aujourd'hui le château, une maison de paysans. Un jour de chasse, François Ier fut conduit dans ce lieu par un cerf qui traversa le fleuve. Ayant soif, il demanda à boire ; on lui apporta du vin qui lui parut délicieux. Apprenant que ce vin était récolté dans la côte qui dominait la maison, il acheta la maison et autour cinquante arpents de terre qu'il fit planter, d'après l'avis de Marot, de plants les plus fins de France et notamment de ceux de Cahors, patrie du poète. Il y fit construire aussi des cuves et deux pressoirs, et peu de temps après il commença le château qui existe aujourd'hui et que l'on nomma les Pressoirs du Roy.

Chaque année François venait lui-même assister à la vendange avec Anne de Pisseleu « la plus savantes des belles et la plus belle des savantes. »

C'était un jour de fête; chacun y briguait l'honneur d'y être admis.

« Les femmes seules cueillaient le raisin, les hommes le portaient dans les cuves; mais pour obtenir la faveur d'être comptée parmi les vendangeuses que l'on réunissait au Pressoirs du Roy, il fallait qu'une femme fût inscrite sur le carnet du prince; l'âge et les avantages physiques décidaient seuls de son inscription » (d'après Jamin).

Plus tard, la belle Gabrielle d'Estrées dont le nom se rattache si intimement à la vie du bon Henri, vint habiter les Pressoirs du Roy.

Une tradition populaire, mais complètement fausse, attribue à Henri IV le nom de Thomery. Du haut de la montagne, Henri aurait dit : « Ici, tout me rit! » Mais cette joyeuse exclamation de laquelle on a tiré à tort le nom de la localité ne dut être alors provoquée par l'aspect misérable des chaumières qui étaient à ses pieds, mais plutôt par le magnifique et vaste panorama que l'on admire de ces hauteurs.

Henri IV habita le château des Pressoirs de

1592 à 1597. En face de ce château, à l'endroit qu'on appelait alors, comme de nos jours, les Effondrés, à cause des roches sauvages et des sortes d'effondrements comme on en voit encore aujourd'hui dans le parc du château de la Rivière, s'élevaient de petits hôtels qu'y avaient fait bâtir les seigneurs attachés au service de Henri IV, Louis XIII, Louis XIV, le comte de Toulouse.

On y remarquait : 1° l'hôtel d'Aumont, appartenant à Jacques d'Aumont, fils de Jean d'Aumont dit le Franc-Gaulois qui périt en combattant contre les Ligueurs.

2° L'hôtel de Sully, grand ministre, ami de la France et de son roi.

3° L'hôtel d'Epernon, appartenant au duc d'Epernon, un des mignons de Henri III, qui fut chargé par Henri IV de missions importantes. Le duc d'Epernon se trouvait dans le carrosse du roi Henri quand celui-ci fut poignardé par Ravaillac. On l'accusa même de complicité, mais l'affaire fut étouffée.

4° L'hôtel de la Force, appartenant à Nompar de Caumont de la Force, fils de François de Caumont qui fut tué à la Saint-Barthélemy. Échappé à ce massacre par une sorte de miracle, il se cacha jusqu'à ce que Henri VI se mît à la tête des protestants ; il entra alors au service de ce prince et fut un des premiers à le reconnaître pour roi.

5° L'hôtel de Roquelaure, appartenant à Antoine de Roquelaure, maréchal de France, grand-maître de la garde-robe du roi et ami intime de Henri IV auquel il osa conseiller de se séparer de Gabrielle d'Estrées. Il était le père du fameux Roquelaure connu par ses saillies et bouffonneries qui ne sont pas toutes du meilleur goût.

La famille de Roquelaure, qui s'est éteinte en 1738, descendait de François de Sédillac, l'ermite de Saint-Aubin.

6° L'hôtel de Bellegarde, appartenant à Roger de Bellegarde, duc et pair, grand-écuyer de France, qui seconda vaillamment Henri IV pendant la Ligue et qui fut comblé par lui de faveurs. Il avait aimé la belle Gabrielle avant Henri IV qui la lui enleva. Cependant sa maison d'Effondré, à proximité de celle de Gabrielle qui était le château des Pressoirs, montre qu'il n'avait pas tout à fait rompu avec elle, et on rapporte qu'à ce sujet Henri IV avait assez souvent des explications parfois très vives avec l'un et l'autre.

En temps de paix, Henri se familiarisait avec les plus petits, s'égarait exprès de ses officiers pour se mêler parmi les villageois auxquels il faisait des questions pour apprendre d'eux les vérités qu'il savait bien qu'on ne lui osait point dire à la cour, soit de lui-même, soit de ses gentilshommes ou de ses maîtresses.

Ce fut dans une de ces circonstances qu'un jour quittant ses gens qui chassaient dans la forêt de Bierre, il se fit passer la Seine à Effondré, en face la maison des Pressoirs. Pendant la traversée, il mit le passeur sur le propos de sa vie : le brave paysan, ignorant à qui il avait affaire, ne lui cacha rien de ce qu'il pensait sur la « recluse des Pressoirs ». En mettant Henri à terre et en recevant de lui un bon salaire, il lui dit : « Le roi aime trop les femmes, Dieu punit les adultères ; il est à craindre qu'il n'en meure après en avoir tant souffert. » — Arrivé près de Gabrielle, le roi lui dit : « Ma mie, j'en apprends de belles sur votre compte, vous êtes bien dans le cœur de mes sujets d'en face. » — Gabrielle voulait faire pendre le passeur, mais elle ne fut pas écoutée, et Henri, ce jour-là, impressionné de la sincérité des opinions du bonhomme, s'en alla sans donner à sa maîtresse aucune marque de son attachement. Mais cette habile courtisane savait bien que les morosités du roi n'étaient pas de longue durée. (D'après Fontenay-Mareuil.)

La plupart des familles qui habitèrent les hôtels d'Effondré étaient protestantes et quittèrent la France à la révocation de l'édit de Nantes en 1685. Ces maisons abandonnées tombèrent en ruines et furent vendues pour faire place à d'agréables bâtiments qu'ont fait élever les cultivateurs devenus aisés par leur activité et leurs travaux assidus. On ne voit plus dans la rue d'Effondré que deux portails en briques[1] qui datent de cette époque, et un reste de four à brique qui se trouve en face de la maison de M. Prou dans la berge de la Seine. Cette maison était, dit-on autrefois, appelée Briqueterie du Roy et appartenait à Mathurin Rocher. Une pierre trouvée dans les débris du four a été scellée au-dessus de la porte cochère et porte cette inscription : *Armi potenti, faciunt lateres, coquunt eos igni.*

1. Cours 1° Joffroy et Valleaux, Mars; 2° Lafaye, Androt, et autres.

Le domaine fut ensuite concédé, le 31 décembre 1597, à Nicolas Jacquinot, moyennant 4,400 écus, à titre d'engagement et avec faculté de rachat perpétuel (1605). Il passa au fils de ce dernier, Daniel Jacquinot (1650), puis à Marie-Anne Jacquinot, fille de Daniel (1688).

Il appartint ensuite au sire de Baillon de Forges de Pixécourt dont la famille l'occupa jusqu'en 1732.

A cette dernière date, il fut acquis par le sieur de Reboullet, trésorier des altesses sérénissimes les comtes de Toulouse et de Penthièvre, de Anne-Claude de Breuillard, chevalier, comte de Courson. — Le sieur de Reboullet possédait également la maison de Montmélian, comme l'ayant eue de Marie-Henriette de Beringhen, veuve de François-Pierre de Varennes, colonel du régiment de Champagne.

En vertu d'un acte en date du 15 août 1750, le château des Pressoirs et le domaine de Montmélian furent abandonnés par le sieur de Reboullet à ses créanciers, et le domaine des Pressoirs fut vendu à Gaspard Boniface de Castellane, maistre de camp au régiment de Penthièvre, époux de Renée Fournier dont il n'a eu que des filles.

Les parcs des Pressoirs du Roy et de Montmélian étaient compris, avant 1778, dans la capitainerie de Fontainebleau. Le vicomte de Castellane et la princesse de Berghes en obtinrent la distraction selon brevet dont la teneur suit :

Aujourd'huy, dix-neuf septembre mil sept cent soixante-dix-huit, le Roy étant à Versailles, le sieur Vicomte de Castellane a très humblement représenté à Sa Majesté qu'il est propriétaire de la terre des Pressoirs enclavé dans la capitainerie de Fontainebleau, et et de laquelle dépendent les parcs de Montmélian et du Pressoir, que son séjour dans cette terre avec la dame Princesse de Berghes sa fille et le peu d'agrément qu'ils y éprouvent par la privation forcée de la chasse qu'ils aiment également et qui fait le principal agrément de leur vie leur est d'autant plus sensible, que ces parcs ont très peu d'étendue et ne sont d'aucune utilité aux plaisirs de Sa Majesté par l'éloignement de la terre des Pressoirs de la ville de Fontainebleau; pourquoi ils supplieroient Sa Majesté, de vouloir bien la distraire de la capitainerie de Fontainebleau, pour leur vie durant seulement; à quoi ayant égard et Sa Majesté voulant donner audit sieur Vicomte de Castellane et à la dame Princesse de Berghes sa fille, une marque de la bienveillance particulière dont elle les honore, et faire connaître la satisfaction qu'elle ressent des services distingués que lui a rendus et à l'Etat, le dit sieur Vicomte de Castellane, Sa Majesté a par le présent brevet distrait de la Capitainerie royale de Fontainebleau, les parcs

de Montmelian et du Pressoirs appartenants audit sieur
Vicomte de Castellane, veut à cet effet que lui et la
dame Princesse de Berghes sa fille, ayent seuls le droit
d'y chasser et faire chasser, mais pendant leur vie seulement et en survivance l'un de l'autre, les dits parcs
devant, leur décès arrivant, rentrer comme par le passé
et faire partie de la capitainerie de Fontainebleau ; fait
à cet effet, Sa Majesté deffense à aucuns Officiers ou
Gardes de la ditte Capitainerie, d'entrer dans les dits
parcs, sous quelque prétexte que ce soit, d'y chasser
et de troubler le dit s^r vicomte de Castellane et la dame
princesse de Berghes. sa fille dans l'exercice du droit
que Sa Majeste leur accorde par le présent brevet que
pour assurance de sa volonté, Sa Majesté a signé de sa
main et fait contresigner par moy Conseiller Secrétaire
d'Etat et de ses commandements et finances.

Signé : LOUIS.   AMELOT.

Le château a été ensuite occupé par les propriétaires suivants :

1769. Adrien-Philippe-Joseph Ghislain, prince
de Berghes Saint-Winoch, de Brabant, colonel au
régiment de Beaujolais et époux de Marie-Thé-
rèse-Josèphe de Castellane, fille de Gaspard-
Boniface que nous venons de citer. — Le 27 octobre 1773, le prince de Berghes fut tué dans un
duel qui eut lieu aux Pressoirs, — entre lui et le

marquis de Château-Brun—de la Rivière, à propos d'une question de préséance. Le prince de Berghes a été inhumé dans l'église de Thomery. (Voir à la fin de l'ouvrage notes, actes, remarques).

1800. Mme Constantine Fortunée Ghislaine, princesse de Berghes de Saint-Winoch, fille du prince de Berghes.

1816. De Lasteyrie du Saillant, gendre de Berghes.

1820. Sirey, avocat, gendre de Lasteyrie du Saillant.

1828. Nully d'Hécourt.

1830. Brunet, marié à Anne de la Morlière, veuve de Nully d'Hécourt.

1834. De Traversay, qui chercha vainement à réunir les sources de la propriété pour faire tourner un moulin construit près de la maison du garde.

1838. De Bouville, ancien préfet.

1854. M. de Siéyès, parent du fameux abbé de Siéyès qui a si bien défini le Tiers-État en 1789.

1872. M. de Clermont.

De même que les ancêtres de la famille Greffulhe, ceux de la famille de Clermont s'étaient réfugiés en Hollande à la révocation de l'édit de Nantes.

D'après le généalogiste Le Laboureur, la maison de Clermont, qui tire son nom d'un bourg situé près de La Flèche, remonte à Louis, de l'Ordre du Croissant, en 1448.

M. Othon de Clermont descendrait d'un petit-fils d'Antoine de Clermont, fils de René de Saint-Georges et de Françoise d'Amboise. Antoine de Clermont, qui prit le nom d'Amboise, signala sa valeur dans le parti protestant et fut tué à la Saint-Barthélemy en 1572.

Pendant trois cents ans, des membres de la famille de Clermont exercèrent en Hollande des emplois divers et leur influence était grande dans ce pays. Mais n'oubliant pas l'ancienne patrie, ils entretenaient en France de nombreuses relations.

M. de Clermont et ses fils obtinrent la restitution de leur nationalité française.

Devenu propriétaire des Pressoirs du Roy, M. de Clermont fit restaurer le château et lui rendit son caractère princier. Il montra dans l'appropriation et l'exploitation du domaine une activité intelligente et un goût artistique remarquable. Mais ce qu'on doit le plus admirer dans la personne de M. de Clermont, c'était la générosité alliée à une grande modestie.

M. de Clermont mourut d'une chute de voiture à la fin d'octobre 1888. Comme l'a dit justement un de ceux qui suivaient son nombreux cortège, « sa main était partout et son nom nulle part. »

A une lieue des Pressoirs se trouve le château de Graville où allait souvent Gabrielle d'Estrées. D'une tourelle élevée sur le plus haut rocher du parc des Pressoirs on pouvait se communiquer par des signaux. Cette tourelle existe encore; elle a été restaurée il y a quelques années par M. de Clermont. Elle est dénommée la Guette des Pressoirs.

Le vignoble de François Ier a complètement disparu; la côte aujourd'hui est entièrement boisée.

A l'ouest du domaine des Pressoirs, se trouve celui de Montmélian, dépendant aussi actuellement de la commune de Samoreau, et dont la charmante villa se dresse à mi-côte en face le château de la Rivière.

En 1750, ce domaine et celui des Pressoirs furent compris dans l'état de liquidation des biens abandonnés par Philippe Le Reboullet ci-devant trésorier du comte de Toulouse et du duc de Penthièvre.

Le Reboullet l'avait possédé en vertu d'une acquisition faite de dame Henriette de Beringhen, veuve de François-Pierre de Varennes, chevalier seigneur de Kgozon, colonel au régiment de Champagne, suivant contrat passé devant Langlois, notaire à Fontainebleau, le 29 novembre 1738.

Selon acte du 15 août 1750, passé devant Baron, notaire au Châtelet de Paris, Anne-Gabriel-Henry-Bernard de Sainsaire De Boulainvilliers, conseiller du roy, président en la seconde chambre des enquestes, demeurant à Paris, rue Notre-Dames-des-Victoires, paroisse Sainte-Eustache, — Guillaume de Voisins Demirabel, avocat au parlement, intendant des maisons, domaines et finances du duc de Penthièvre, agissant au nom de ce dernier, — et Jean-Simon Hémery, procureur au Châtelet de Paris, créanciers du dit sieur Le Reboullet, vendirent à Gaspard-Boniface de Castellane le domaine de Montmélian pour la somme de dix mille livres, et celui des Pressoirs pour vingt-six mille livres.

Se sont succédé ensuite comme propriétaires :

La princesse de Berghes, fille de Boniface de

Castellane, qui l'a cédé par échange à Nicolas Aubry; puis, indivisément, les héritiers de ce dernier : Pierre Léguillon, Jacques Aubry, François Duparc, Claude-Charles Aubry.

Ensuite, Pierre Larpenteur qui, par acte du 17 octobre 1807, passé devant Potron, notaire à Paris, le vendit à Gaspard Francoz, propriétaire demeurant à Paris.

En dernier lieu (1878), citons M. Destors, conseiller d'arrondissement pour le canton de Fontainebleau.

Et présentement M. Cossé.

A peu de distance des Pressoirs, sur la même rive de la Seine, existe une maison de campagne appelée les Fours du Roy, ainsi nommée des fours à chaux importants dont on voit encore les ruines et dont la construction remonte à celle du château des Pressoirs. Cette maison, habitée autrefois par M. Tripier, fils de l'avocat, jurisconsulte distingué, est aujourd'hui la résidence de M. Deville-Chabrolle, dont le caractère de bonne humeur et d'affabilité est bien connu des habitants de Thomery dans la société desquels il se plaît beaucoup.

Toussine Parisy et la guerre civile.

C'était en 1685, à l'époque de la révocation de l'Édit de Nantes, la plus grande faute de Louis XIV, qui porta à l'étranger trois cents mille réformés avec nos arts, nos manufactures. et la haine de la royauté absolue. Une grande agitation régnait dans les hôtels d'Effondré habités presque tous par des familles protestantes. On parlait de guerre civile. Une bonne commère du village naïve comme il y en a peu, mais curieuse comme elles sont toutes, ne savait ce que signifiait cette expression « guerre civile » ; elle se dirigea vers Effondré pour savoir chez les gens notables ce que c'était que la guerre civile. Amenée par la curiosité en face l'hôtel de Roquelaure, alors confié à la garde de serviteurs qui sans doute avaient hérité des farces de leur maître, elle fut interpellée par l'un d'eux auquel elle exposa son désir. On lui dit de ne point aller plus loin et qu'à l'instant même on allait pouvoir lui donner l'explication de la guerre civile. On la fait entrer sous le portail et aussitôt quatre bras vigoureux la plongent la tête la première dans un baquet où l'on avait recueilli le sang d'un porc que l'on venait d'égorger. La pauvre femme, après s'être bien débattue, — recouvra enfin la liberté de ses mouvements et s'enfuit, n'en demandant pas davantage sur la guerre civile. Elle revint ainsi chez elle couverte de sang. A son retour, personne n'osait lui adresser la parole, l'effroi était peint sur tous les visages; on connaissait le but de la démarche de Toussine, et on croyait que le sang dont elle était maculée des pieds à la tête était tout autre que celui d'un pourceau. Ce genre de curiosité a eu souvent, en temps d'émeutes, dans Paris la grand'ville, des conséquences bien plus funestes.

Le duc de Penthièvre et Michin-Belhotiau.

Il y avait à Thomery sur le bord de la route Ronde montant à la forêt, une chaumière d'un aspect misérable habitée par la famille Michin-Belhotiau dont le père était tisserând. Un jour, cet homme occupé, devant son métier à sa pacifique industrie, vit entrer chez lui un monsieur bien mis qui lui demanda des renseignements divers, d'abord sur les environs, puis sur sa famille et sa position et qui finalement, s'intéressant au métier de tisserand voyant passer et repasser la navette, pria Michin de lui donner un instant sa place. Le paysan croyant avoir affaire à un vrai connaisseur consentit à la demande et voilà le visiteur installé devant le métier; mais ni les pédales, ni la navette ne voulaient marcher; le fil allait s'embrouiller. Alors, avec un franc éclat de rire, Michin dit au visiteur qu'il n'y entendait rien. Celui-ci n'en doutait pas, aussi après avoir salué Michin qui le reconduisit jusqu'à la porte, il s'éloigna à grands pas du côté du bois.

Michin revint à son métier; en saisissant sa navette, il eut un éblouissement, la bobine qu'elle contenait était tombée à terre et remplacée par plusieurs pièces d'or qu'il tourna et retourna. Son extase l'empêcha de courir après son bienfaiteur pour l'en remercier; mais la chose ne tarda pas à se répandre dans le voisinage. On avait vu le duc de Penthièvre se promener, et alors il n'y eut plus aucun doute. Quelques heures après, Michin-Belhotiau arrivait à la grille du château de la Rivière, en même temps que le duc de Penthièvre.— « Ah! Monseigneur, s'écria-t-il, j'aurais dû m'en douter; il n'y a que vous pour faire de si heureuses surprises! »

La bienfaisance du bon duc ne s'arrêta pas là : il fit servir à Michin une pension qui jointe à ses économies, lui permit d'acheter autour de sa maison un petit terrain qu'il planta d'arbres et de vigne, et dont chaque année, il portait les plus beaux fruits à titre d'hommage à son généreux bienfaiteur. (La chaumière du père Michin se trouvait dans la cour commune appartenant aujourd'hui aux propriétés Andry, Alphonse, et autres.) On dit que quelques jours avant sa mort, le duc de Penthièvre reçut au château de Vernon (Eure) la visite de son pauvre tisserand, le digne homme apportait son dernier hommage à son ancien seigneur. A la vue de tant d'attachement, les lèvres du bon duc ne purent qu'ébaucher un sourire, ce fut le dernier.

Napoléon Ier, et le père Larpenteur.

Les époux Larpenteur (Thomas) et Valleaux (Anne) étaient déjà en 1791 dévoués à la famille de Beauharnais, car les deux actes de mariage des enfants Larpenteur qui ont été dressés à cette

époque portent la signature tracée d'une main
encore mal assurée, du prince Eugène de Beauharnais (ce dernier avait alors dix ans à peine).
En 1794, lorsque Alexandre de Beauharnais père
d'Eugène périt sur l'échafaud, Larpenteur osa au
péril de sa vie entourer d'attentions les plus déli-
cates, la veuve de la victime, Joséphine Tascher
de la Pagerie, qui devait plus tard devenir impératrice des Francais.

Le père Larpenteur habitait un des anciens
hôtels d'Effondré. A la profession locale de vi-
gneron, il joignait celles d'aubergiste et de pêcheur: sa femme avait un talent tout particulier
pour la préparation des matelotes.

Le père Larpenteur remplissait de plus la
charge de fondé de pouvoirs du percepteur de
Fontainebleau pour la commune de Thomery.

Bonaparte et son épouse trouvaient les matelotes de la mère Larpenteur meilleures que celles
que l'on préparait dans les cuisines du palais de
Fontainebleau et ils venaient souvent dans de
cours instants de repos, chez les époux Larpenteur en lesquels, à juste titre, comme on vient de
le voir, Napoléon avait une confiance absolue.
Beaucoup d'autres habitants essayaient de par-

tager cette confiance : quand ils savaient que l'empereur devait passer par tel ou tel chemin, ils se portaient à sa rencontre et lui offraient, les uns des poires, les autres des fraises, d'autres encore... des melons. Napoléon acceptait tout, payait d'un sourire et d'un beau louis, mais ne conservait guère que les plus beaux melons (*on dit avoir vu, dans le pays, le Grand Napoléon portant sous son bras un cantaloup choisi par lui-même avec cette connaissance des hommes et des melons qui caractérisait son génie*), et ne goûtait à aucun des autres fruits que les bûcherons retrouvaient le lendemain sur le bord des chemins de la forêt où ils avaient été jetés.

Que les époux Larpenteur devaient être fiers et heureux en songeant qu'il n'y avait que d'eux dont l'empereur ne craignît pas d'être empoisonné! Mais aussi que de murmures intérieurs chez les autres habitants qui eussent voulu une confiance réciproque entre le souverain et les sujets! « Le bon duc de Penthièvre n'était pas comme cela, disaient-ils, il faisait plus grand cas des présents de nos pères! »

Le père Larpenteur eut pour fils celui à qui revient l'honneur du procédé de conservation des

raisins à râfles vertes et il est le bisaïeul de M. le
capitaine Charmeux, du côté maternel.

La famille Charmeux.

Le nom de cette honorable et laborieuse famille
d'horticulteurs est inséparable de celui de Thomery.

En se succédant de père en fils, ils n'ont cessé
de perfectionner leur art et d'accroître leurs
moyens d'action.

En 1730, François Charmeux, observateur, la-
borieux et possédant une certaine aisance, eut
l'idée de planter un espalier de chasselas dont il
avait emprunté le plant au jardin de la résidence
royale de Fontainebleau où l'on cultivait ce raisin
non pour les besoins du commerce, mais pour les
agréments de la Cour.

Ce chasselas, on le sait, avait été planté
en 1534, par les ordres de François Ier, dans la
partie du parc qui va du château à l'Allée des
Carosses, là où se trouve encore à l'heure actuelle
la treille du roi, dont les produits sont réputés
chaque année par nos plus fins gourmets. Les
plants venaient, dit-on, de Cahors; mais ainsi

qu'on le verra plus loin, le chasselas n'est pas originaire de cette ville. On avait apporté ces plants à Fontainebleau à dos de mulets; ils y avaient admirablement réussi et la réputation du chasselas à Fontainebleau n'avait pas tardé à s'étendre au loin.

Charmeux avait observé l'exposition de la treille du roi. Il fit construire un mur pour y adosser ses plants dans des conditions semblables. Mais, comme alors, la construction d'un mur au milieu d'une plaine pouvait entraver les chasses royales, Charmeux ne fut autorisé construire son mur d'espalier qu'à la condition de laisser dans le milieu une porte pour le passage des piqueurs et des chiens. Ce mur borde le chemin montant aux Montforts : la porte a été murée, mais on en voit encore les linteaux. *(Le propriétaire actuel est M. Luquet (Louis), gendre Barrillier.)*

Le succès ayant couronné ses efforts et ses soins, Charmeux développa sa culture au grand étonnement de ses concitoyens qui ne comprenaient pas qu'on fît autant de frais pour récolter du raisin qu'on obtenait en plein champ. Mais Charmeux ayant trouvé bientôt une écoulement facile et profitable de ses produits, l'étonnement des habitants de Thomery cessa, et ils eurent l'intelligence de suivre l'exemple de leur compatriote dont le nom, désormais, devait être l'objet de la vénération publique.

Les murs alors s'élevèrent à l'envi, des plants de vigne y furent adossés, y prospérèrent et la fortune de Thomery fut assurée. (Récit de la famille Charmeux.)

Cependant ce ne fut qu'au commencement de ce siècle que la culture nouvelle prit une rapide et large extension.

La famille Charmeux compte aujourd'hui des hommes dont l'existence est tout à la fois un honneur pour eux et pour le pays. L'un n'a épargné ni ses soucis, ni ses affections, ni son sang pour la gloire de la patrie. Nous venons de désigner M. le capitaine Charmeux dont la réputation de hardiesse et de bravoure est connue même des jeunes officiers de l'armée française. Horace Vernet sur un tableau du Musée de Versailles a représenté la charge de Kangh-Ill, pendant la campagne de Crimée (1854-1855). Le capitaine Charmeux y figure au premier plan, à la tête d'un escadron de hussards, sa longue barbe blonde flottant au vent, entraînant du geste, *furia francese*, ses soldats au combat. Plusieurs décorations et surtout celle de la Légion d'honneur ne peuvent avoir de meilleure place que sur la poitrine de ce vétéran. M. le capitaine Charmeux vit aujourd'hui au milieu de sa famille dans l'ancien château de Thomery transformé en un magnifique établissement de viticulture, enseignant aux siens[1] les traditions laborieuses de ses ancêtres, prêchant la paix, sachant trop ce que coûte la guerre et ayant pour tout le monde une affabilité charmante qui plaît d'autant plus qu'elle est toujours jointe à la rondeur et à la bonne humeur du militaire.

M. Georges-François Charmeux fils poursuit avec succès l'œuvre de sa famille. Les nombreuses récompenses qu'il reçoit de nos jours dans les expositions pour ses procédés de culture et la beauté de ses produits sont autant de témoignages de goût et d'activité.

Deux autres membres de la famille Charmeux ont donné leur peine et leur labeur pour coopérer à la prospérité et à la fortune locales, ce sont : MM. Rose Charmeux et Constant Charmeux.

L'œuvre de M. Rose Charmeux fut à la fois philanthropique et nationale. Écoutons à ce sujet ce que dit le *Panthéon de l'industrie*, Revue illus-

____

1. M. Georges-François Charmeux, Mme Nodier, née Charmeux, M. Maurice Charmeux.

trée des expositions et des concours. « L'œuvre
de M. Rose Charmeux fut philanthropique en de-
venant pour Thomery où il a créé un vaste établissement, une source de richesse dont les habitants ont largement profité. Elle fut nationale en
ce sens qu'il a fondé une industrie qui est devenue l'objet d'un commerce de plus en plus important pour la France et dont les produits en se
répandant partout ont porté le nom français dans
tous les pays du monde. M. Rose Charmeux dit la
même revue est le créateur de la culture forcée
des arbres fruitiers et surtout de la vigne. Ses
résultats ont apporté à la science viticole un nouveau contingent de fécondité et de richesse. » En
1852, après bien des recherches et des travaux
sur les moyens de combattre l'oïdium, il s'arrêta
définitivement à l'emploi de la fleur de soufre in-
sufflée sur la vigne. Ce fut cette découverte si
utile, qui a rendu de si grands services aux viticul-
teurs du monde entier, qui lui valut de recevoir
le 17 juin 1858, dans le palais de Fontainebleau,
des mains de Napoléon III lui-même, la croix de
la Légion d'honneur.

En reconnaissance des services que la famille
Charmeux a rendus, en souvenir de ce qu'elle a

fait pour Thomery, autrefois pauvre et inculte, aujourd'hui si florissant et si riche, M. Rose Charmeux n'a cessé pendant un laps de temps de 35 ans d'être choisi comme maire par ses concitoyens.

Le commerce de pommes et l'envoi des raisins avant 1862.

Le commerce de pommes, fait pendant longtemps par les vignerons de Thomery, semble avoir des causes toutes naturelles : l'exiguïté du territoire et l'insuffisance des produits qu'on en tirait, tant au point de vue de la quantité qu'à celui de la qualité. Alors pour vivre dans ce coin de terre, il fallait en sortir de temps en temps pour courir après d'autres moyens d'existence, après la fortune pour quelques-uns. Dans l'été, les Thomeryons s'élançaient dans la Bourgogne, le Poitou, l'Anjou, l'Auvergne où il y avait beaucoup de pommes dont ils achetaient dans certaines années pour plus de deux cent mille francs. Ils connaissaient de réputation ou par expérience, telle localité, tel verger ou même tel arbre et jusqu'à quel point les produits étaient avantageux. Ils voyaient ou appréciaient ce que tel arbre devait remplir de paniers et, en raison de leur estimation, ils concluaient les marchés. Ces pommes arrivaient à Thomery par les rivières et les canaux; on les entreposait dans des caves immenses, construites et aménagées exprès, et on en fournissait Paris tout l'hiver, souvent avec de grands risques, par des temps affreux. Le 20 avril 1818, trois conducteurs de bateaux chargés de pommes et de raisin, Larpenteur, Benoist et Thibault périrent submergés par les vents.

Depuis 1848, le commerce de pommes a considérablement diminué; les Bourguignons, Auvergnats, Poitevins, Angevins, jouissant eux-mêmes des avantages des chemins de fer, écoulent leurs produits directement vers la capitale et profitent d'un plus grand bénéfice.

Depuis longtemps, il existait entre les vignerons de Thomery, Effondré et By, une sorte de convention ou système d'équilibre dont le but était de concilier les intérêts de chacun, touchant les expéditions et en présence des fluctuations de la vente des raisins. Il ne fallait pas que ce fussent toujours les mêmes expéditeurs qui profitassent des avantages que pouvaient présenter certains jours de vente. Nos producteurs comprenaient que l'affluence des marchandises et la concurrence nuiraient l'une et l'autre aux intérêts matériels et moraux. Aussi, en dépit de la liberté commerciale et de la liberté d'action, devait-on se *courber* devant cette exigence locale ; de là le nom de *courbe* donné alors aux deux groupes de transport par eau.

La *courbe* dite *bourgeoise* partait pour Paris avec ses raisins et autres fruits, les dimanche, mardi et jeudi de chaque semaine.

La *courbe* dite *infernale* s'embarquait les lundi, mercredi et vendredi.

Que l'on ne conjecture pas mal en entendant les qualifications données à chacune de ces *courbes*, car toutes deux étaient composées d'éléments auxquels l'esprit de caste était complètement indifférent ; on nous dit seulement que, dans la *courbe infernale*, il y avait quelques individus dont le verbe était parfois un peu... haut.

Les choses existèrent ainsi jusqu'en 1855 ; cependant on avait déjà commencé à expédier les produits par le chemin de fer : les *courbes* fléchissaient. En 1856, il se forma une société en nom collectif qui avait pour objet le transport par la

Seine, de Thomery à Paris, des raisins et fruits de toute espèce. Cette société était régie par cinq administrateurs. M. Isidore Andry en était le président et M. Charles Souilliard remplissait les fonctions de secrétaire-caissier. (Acte reçu par M⁰ Moreau, notaire à Thomery, le 15 avril 1856.)

Cette société s'est dissoute et les *courbes* se sont rompues. Le matériel de marine a été vendu par adjudication en juillet 1861 et avril 1862. De nos jours, c'est à la gare de Thomery que se font les envois de nos produits.

Les Thomeryons ont acquis peu à peu une situation généralement aisée; ils ont perfectionné leur travail; le raisonnement a fait place à la routine. Aujourd'hui, ce n'est plus de la culture proprement dite de la vigne qu'il s'agit : les procédés employés en ont fait une industrie à laquelle on se livre avec une infatigable activité. L'amour du travail, le goût de sa profession donnent de douces vertus; la paresse et l'insouciance, au contraire, détruisent tout.

Les fruits de Thomery au Palais de Fontainebleau.

A toute époque il a été d'usage, dans les villes où séjournait la cour, d'offrir aux souverains, à leur arrivée, un échantillon des produits locaux, gâteaux, pâtisseries, etc. A Provins, on offrait des gâteaux de roses, des essences, etc. Fontainebleau n'eut garde de manquer à cet usage; mais comme la ville ne produisait rien, elle s'adressa à Thomery pour avoir les plus beaux échantillons de ses fruits et chargea constamment de cette fourniture la famille Larpenteur.

Nous avons sous les yeux une lettre de Thomas Larpenteur, de By, datée du 16 août 1816, et trois factures. Dans sa lettre, il rappelle que « ses pères ont eu l'honneur depuis plus de soixante ans de fournir à la ville de Fontainebleau les fruits offerts en présents aux souverains »; il se rappelle au souvenir du maire auquel il promet ample satisfaction s'il veut bien l'honorer de sa confiance lors du prochain voyage de la cour.

Les prix portés sur les factures sont intéressants à comparer avec ceux d'aujourd'hui, tout en tenant compte de la dépréciation subie par l'argent. Le raisin coté 60 centimes en 1807 est monté ensuite, dès 1810, à 75 centimes, pour arriver ensuite à 1 fr. le 1/2 kilogr., prix qu'il n'a pas dépassé. Les pêches sont facturées de 30 à 60 francs le cent; les poires de Catillat, 20 et

25 francs ; les Crassanne, Beurré, Doyenné, Saint-Germain, Bon-Chrétien, 60 à 75 francs ; les Messire-Jean, 10 francs ; le Martin-Sec, 10 francs ; les pommes de Calville et les reinettes, 10 francs ; les reinettes du Canada, 30 francs ; les pommes d'api, de 2 fr. 50 à 6 francs, toujours le cent. Et dire qu'il s'agit de produits de tout premier choix, devant figurer sur la table du souverain et servir de réclame au pays qui les avait produits.

Les fournitures s'élevaient en moyenne à 700 francs par voyage.

La conservation des raisins.

Jusqu'en 1848, le raisin en entier était conservé sur des claies, mais la râfle séchait, et le raisin, sans perdre tout à fait de sa qualité, n'avait pas les *grumes* pleines, dorées, fraîches et savoureuses comme celui que l'on conserve à l'aide des procédés d'aujourd'hui. Il y avait à l'époque à Thomery, un homme qui s'arrêtait à toutes sortes de fantaisies originales, (ceci soit dit sans injure pour la mémoire de ce brave homme, lequel au contraire a droit à la reconnaissance de ses concitoyens). M. Baptiste Larpenteur prenait plaisir à contrarier la nature : il faisait à sa façon des gravures sur ses pommes, ses melons; il donnait à ses arbres des formes bizarres, etc. Un jour, il eut l'idée d'emplir d'eau une grande coupe qui était sur sa commode et de plonger dans cette eau des sarments munis de grappes de raisin. Il pensait justement que ces grappes feraient aussi bel effet et dureraient au moins aussi longtemps que des fleurs en bouquet. Au mois de février, il vit passer devant sa porte, dans la rue d'Effondré, deux hommes qu'il savait avoir l'amour de leur profession, cherchant tous les moyens de l'améliorer. Ces hommes, jeunes alors, étaient MM. Rose Charmeux et Georges Valleaux. Il les fit entrer chez lui et d'un air fier et narquois leur montra ces raisins pendant autour de la coupe, aussi charnus, aussi fondants et aussi sucrés que lorsqu'ils étaient encore à la treille. Le procédé de conservation des raisins à râfles vertes était découvert; cela n'était pas plus difficile que de faire tenir un œuf sur le bout, moyen que Christophe Colomb enseigna à ceux qui le plaisantaient sur sa découverte de l'Amérique; mais il fallait y songer.

Rentrés chez eux, Messieurs Rose Charmeux et

Georges Valleaux décidèrent de faire fabriquer des appareils en zinc, à goulots par lesquels on introduirait l'eau et les grappes avec leurs sarments, et d'appliquer ces appareils le long des murs de leurs fruitiers. Les fabricants reçurent un grand nombre de commandes; quelques-uns même, prirent des brevets; mais on a reconnu l'inconvénient de ce matériel sujet à se dessouder, et M. Rose Charmeux, en 1852, fit le premier, usage de bouteilles en verre qu'il emplit d'eau aux 4/5, mettant dans cette eau, pour en empêcher la corruption, une cuillerée de charbon en poudre, ou plus simplement un petit morceau de charbon. Aujourd'hui, c'est par milliers que se chiffre la quantité de bouteilles vendues chaque année dans Thomery.

Le plus humble artisan ne s'estime heureux qu'autant que la paix règne chez lui et que son raisin se conserve bien dans son fruitier jusqu'au moment où la vente se fait avantageusement.

L'ouvrier, qui ne possède qu'une dizaine d'ares de jardin, veut avoir sa chambre à raisin. Les forts propriétaires et ce sont ceux qui ont à peine 5 hectares de clos-vignes ont de 20 à 40 mille de bouteilles dans leurs locaux.

Voyages à Paris. — Fête de saint Vincent.

C'est principalement dans le courant du mois
de janvier que se font les voyages à Paris, car
les propriétaires vont chercher le produit de la
vente du raisin qu'ils ont envoyé depuis le mois
d'octobre.

Nos parents nous disent qu'il y a environ trente
ans, il n'y avait pas de commissionnaires, de fac-
teurs aux fruits, de fruitiers comme aujourd'hui.
Beaucoup de producteurs partaient la veille ou
de grand matin vendre leur raisin à Paris aux
Halles centrales et s'en revenaient avec l'argent
dans leur poche. Aujourd'hui on donne ses produits à des représentants qui se chargent de
l'écoulement et de la vente, et on reste chez soi à
attendre le facteur de la poste, qui apporte chaque matin le montant de la vente de la veille; on
est content si la facture est bonne; on murmure
si elle est mauvaise; le mécontentement redouble
si la vente ne couvre pas les frais ou si la mar-
chandise est en resserre pour la vente des jours
suivants. On s'en prend le plus souvent au représentant; on lui dit qu'il ne vend pas assez cher,

qu'on ne lui renverra plus de raisin, on le me-
nace; et le digne homme ne dit rien, supporte
l'orage sans sourciller; il sait bien que son droit
seul est de ne rien dire, et son devoir, d'empo-
cher d'abord ses bénéfices propres, ce qu'il n'ou-
blie jamais et ce que les Thomeryons savent
bien.

Quand on a un certain nombre de factures et
qu'on a une somme assez rondelette à toucher,
on va à Paris; on arrive un peu avant la vente
aux Halles, on boit le vin blanc, on assiste à la
vente, on voit le cours, et puis si on est content,
on va jusqu'à se payer une place au théâtre, soit
à la claque, soit aux fauteuils d'orchestre. Les
plus économes et aussi les plus raisonnables, et
cela arrive le plus souvent, reprennent le train
le même jour et reviennent à Thomery en se pro-
mettant de se dédommager à la fête de saint
Vincent qui tombe le 22 janvier.

Ce jour-là, on fait beaucoup de frais à Thomery; on cesse d'y entendre le glouglou du din-
don et le cancan du canard, tout est à la broche,
ou dans la casserole. On va, musique et bannière
en tête, chercher le gâteau de la confrérie chez
le confrère dont le tour est venu de faire ses

largesses; on part ensuite à l'église qui ce jour-là,
par exception, est trop petite; on entend la
messe, pendant laquelle il y a toujours un beau
sermon de circonstance. Mais comme l'office est
toujours très long, qu'il fait ordinairement très
froid, on a souvent bien de la peine à rester jusqu'à la fin dans le recueillement que demande le
saint lieu. Après la messe, on reconduit le pain
bénit chez le confrère qui doit le rendre l'année
suivante, et là le vin chaud et les biscuits recon-
fortent un peu l'estomac.

Chacun quitte la bannière et s'en retourne dans
ses foyers faire un majestueux déjeuner avec ses
parents, amis ou alliés; puis le reste de la journée
se passe au café de la « Bonne-Treille ». La fête
se continue la nuit par un bal offert par la confrérie et, comme il n'y a si petite fête qui n'ait
son lendemain, après s'être couché de grand matin et avoir fait grasse matinée, on recommence
à fêter. En voilà pour le reste de la journée et
une partie de la nuit suivante; et enfin c'est tout,
car on en a assez. Avant la fête, on songeait à
bien finir l'année; après la fête, il s'agit de com-
mencer les travaux de la nouvelle.

1887.   LARUE EDMOND.

L'établissement de viticulture de **M. Salomon**.

Jusqu'ici le plus vaillant émule de la famille Charmeux est sans contredit M. E. Salomon dont le nom est devenu populaire en peu de temps et qui, à plus d'un titre, doit avoir sa place marquée dans ce mémoire où nous prenons à tâche de faire figurer avec la plus rigoureuse impartialité le nom de ceux qui contribuent le plus au développement des sources de richesses du pays.

En moins de dix années, M. Salomon a su fonder un établissement dont la renommée s'étend déjà dans le monde entier.

Travailleur infatigable, M. Salomon reçut comme justes récompenses de son labeur les prix d'honneur des concours généraux organisés à Paris par le Ministère de l'Agriculture pendant les années 1877, 1879, 1881, 1883, 1885, 1886, 1887.

Ses aptitudes et son habileté dans l'art horticole lui ont valu l'honneur de faire partie depuis 1884 du jury de diverses expositions universelles ou internationales et de recevoir la même année la décoration du Mérite agricole.

Préoccupé sans cesse des moyens d'arrêter la marche du fléau qui désole les vignobles de France (phylloxera, mildew), étudiant lui-même *de visu*, les procédés, cherchant de tout son pouvoir à les améliorer, se transportant pour cela à droite, à gauche, d'un bout de la France à l'autre, pour remplir la mission de délégué que le Ministère lui a confiée; sacrifiant son repos et peut-être sa santé, M. Salomon a vu son œuvre récompensée une fois de plus, la belle de toutes, par la croix de la Légion d'honneur qui lui fut donnée pour étrennes le 1er Janvier 1886.

La vigne.

EXTRAITS DE DIVERS AUTEURS.

Les historiens sacrés et profanes s'accordent à placer dans les âges les plus reculés de l'humanité l'usage de faire fermenter le raisin. Ils regardent Noé comme le premier qui ait fait du vin en Arménie, Saturne en Grèce, Bacchus dans l'Inde, Osiris en Égypte, Géryon en Espagne. Voici la légende qui concerne Noé.

« Quand les eaux du Déluge se furent retirées, l'atmosphère resta longtemps malsaine et la terre n'était qu'un vaste bourbier. Noé, transi jusqu'aux os, ne pouvait se réchauffer; Dieu lui souffla l'idée de planter la vigne. Le saint homme but du vin, il en fut réconforté; mais ignorant la malice de ce jus nouveau, il continua de boire et s'enivra, écart bien pardonnable d'ailleurs, après quarante jours de pluie battante et l'humidité qui s'ensuivit. Ce manque de tempérance eut toutefois une conséquence fâcheuse, parce que Cham, l'un de ses enfants, se mit à rire de quelques gestes un peu risqués de l'austère patriarche pendant son ébriété. Mais le Seigneur qui ne plaisante pas, voulut punir le fils irrévérencieux, et affermir par un exemple mémorable le respect de l'autorité paternelle devant les nations à venir. Il allongea son bras redoutable et choisit dans la vigne de Noé des raisins de couleur foncée, ceux dits teinturiers apparemment; il en frotta la peau de Cham : la tache était indélébile, et le badigeon se perpétua dans la postérité du fils maudit. Telle est l'origine de la race noire et le premier méfait du jus de la treille. »

De nos jours, les colères du Très-Haut se sont apaisées, elles se contentent de barbouiller le nez des ivrognes.

La postérité de Noé continua de boire du vin sous tous les climats favorables à la vigne. Moïse, pour stimuler le courage des Hébreux qui ne paraissaient pas entreprenants, leur rapporta de la terre promise une énorme grappe de raisin, la charge de deux hommes. Ce phénomène de végétation témoignait au moins de la fertilité de la patrie future.

La culture de la vigne dans les Gaules date de temps très éloignés. Les Romains, en pénétrant dans ce pays, trouvèrent la vigne cultivée. Des cépages délicats, tels que le muscat, étaient déjà connus. Une ordonnance de l'empereur Domitien, datée de l'an 92, enjoint aux habitants de l'Auxerrois, après une disette de grains, d'arracher la moitié de leurs vignes et défend d'en planter d'autres. Du temps de Pline, toute la Gaule narbonnaise produisait des vins de diverses qualités, parmi lesquels il y en avait de fort bons, absolument comme aujourd'hui. Le même historien parle des vins rouges du Berry. Ils avaient, dit-il, un goût de poix; heureusement qu'ils ont perdu cet arome. Ausone, écrivain du iv° siècle, nous apprend que les Médulli, habitants du Médoc, récoltaient des vins estimés à Rome.

D'après Apollonius, qui naquit la même année
que Jésus-Christ, le pays de l'Auvergne avait de
beaux vignobles.

La France, par son heureux climat et l'intelligence de ses vignerons, produit la presque to-
talité des vins alimentaires, c'est-à-dire ceux qui
n'offrent que de 7 à 13 pour 100 d'alcool, dont
tous les éléments merveilleusement équilibrés
s'associent largement aux aliments solides des
repas.

La vigne, c'est tout à la fois pour notre pays,
les mines de Californie, l'arbre à thé des Chinois,
le caféier des Antilles, la houille des Anglais.
C'est notre poule aux œufs d'or, malgré les désastres du phylloxera qui disparaîtront comme
tous les fléaux.

Champagne, Cognac, Bordeaux! trinité bachi-
que qui a porté le renom de la France par tout
l'univers. Cherchez, en effet, sur les plus modestes
rivages, au fond de quelque baie perdue; pourvu
qu'un navire ait fait escale par là, vous trouverez certainement parmi les épaves un bouchon
de Champagne, une fiole vide de Bordeaux ou de
Cognac, échantillons du savoir-faire de nos vignerons qui versent la gaieté aux enfants de la terre,

et font bénir sur tous les climats les coteaux ensoleillés de notre patrie.

Le choix entre les différents crus est une affaire d'estomac. Si vous avez surmené votre vie par des abus de travail ou de plaisir, si vous êtes anémique ou gastralgique, faible ou débile, savourez du Bordeaux; c'est un verre de lait doux, digestif, sensuel, hygiénique. Si la Providence vous a gratifié d'un tempérament bien équilibré, remerciez-la et buvez en actions de grâces une bouteille de Chambertin; c'est un philtre parfumé qui vous donnera la force des muscles, la chaleur du cœur, la vivacité des sens.

Il est pénible de constater que de toutes les substances qui servent à l'alimentation de l'homme, la plus falsifiée est précisément celle qui devrait apporter la plus grande somme de jouissances à son palais et concourir le plus généreusement à la réfection de sa santé.

Les feuilles de vigne sont légèrement astringentes.

La sève limpide qui découle au printemps des incisions faites aux rameaux paraît inerte, bien qu'elle soit vantée par les commères comme propre à guérir les maux d'yeux et les dartres.

La cendre des sarments est diurétique, à cause de la potasse qu'elle renferme.

Le vin est une liqueur excitante, tonique, astringente, nourrissante, à des degrés plus ou moins marqués, selon la quantité d'alcool, de tanin, de sucre et de substances aromatiques, acides, éthers, qui entrent dans sa composition. Les vins rouges foncés ont une action plus durable que les vins blancs; ceux-ci exaltent plus spécialement la fonction rénale et sont utilisés comme diurétiques. A dose modérée, le vin augmente l'action de tous les organes; il active surtout la circulation et les fonctions cérébrales. Pris en trop grande quantité, le vin produit une forte excitation, une joie turbulente, l'affaiblissement des sens, des vertiges, la vacillation, la suspension de la digestion, des vomissements, la somnolence, l'ivresse enfin, qui peut amener le délire furieux, le coma et même l'apoplexie et la mort.

L'usage du vin pur est nuisible aux enfants. Pris très modérément, il convient aux vieillards, aux tempéraments lymphatiques, aux personnes qui habitent des lieux humides. Le vin ne convient pas aux sujets maigres et irritables, aux tempéraments sanguins et bilieux. Le vin chaud est souvent employé à la campagne pour faire suer ou faire avorter une fluxion de poitrine. Ce remède réussit quelquefois, mais le plus souvent c'est jouer à quitte ou double, surtout chez les sujets vigoureux et sanguins.

L'alcool produit, après une impression passagère de froid due à l'évaporation, une sensation de brûlure plus ou moins intense. A l'intérieur, l'alcool agit comme un corrosif violent; il amène dans le tube digestif tous les désordres d'une vive inflammation; il dessèche, racornit la muqueuse et produit dans tout l'être les phénomènes généraux dont l'ensemble est désigné sous le nom d'alcoolisme.

Plus a paroles en un setier de vin que en un muid de froment. (Prov. du VILAIN, XIIIe siècle.)

Jamais homme noble ne hait le bon vin.

(RABELAIS, XVIe siècle.)

Qui vin embouche pour vin débourse.

(MEURIER XVIe siècle.)

A bon vin point d'enseigne. (EUTROPEL, XVIe siècle.)

L'homme sot qui lave sa panse
D'autre breuvage que du vin,
Mourra d'une mauvaise fin.

> (RONSARD, XVIe siècle.)

Il suffit d'un doigt de vin
Pour réconforter l'espérance.   (BÉRANGER.)

Du vin d'Aï, la mousse pétillante,
Et du Tokai la liqueur jaunissante,
En chatouillant les fibres des cerveaux,
Apporte un feu qui s'exhale en bons mots.

> (VOLTAIRE.)

..... Ma foi, la science
Ne s'acquiert point du tout à force d'abstinence.
C'est mon système à moi : l'esprit croît dans le vin.

> (REGNARD.)

Malheur à vous qui dès l'aurore
Respirez les parfums du vin,
Et que le soir retrouve encore
Chancelant au bord du festin !   (LAMARTINE.)

Trop vignes avoir et maisons en village,
Filles aussi qui sont à marier,
N'est pas grand gain ni très sûr héritage.

> (EUSTACHE DES CHAMPS, XVe siècle.)

La vigne ne paraît rien elle-même : elle rampe, elle
est raboteuse, tortueuse, faible, qui ne peut s'élever
qu'étant soutenue, sans cela, elle tombe. Mais aussi,

étant soutenue, où ne s'élève-t-elle pas? elle s'entor-
tille autour des grands arbres, elle a des bras, des mains
pour les embrasser, et n'en peut plus être séparée.

(BOSSUET.)

> La vigne est un arbre divin,
> La vigne est la mère du vin :
> Respectons cette vieille mère,
> La nourrice de cinq mille ans,
> Qui, pour endormir ses enfants,
> Leur donne à teter dans un verre.   (P. DUPONT.)

> Dans une vieille écorce grise
> Jean Raisin a passé l'hiver ;
> Il est en fleur, le voilà vert ;
> Jean Raisin ne craint plus la bise :
> Il est joufflu, blanc et vermeil,
> Le voilà vin!.....   (MATHIEU.)

Les raisins frais et mûrs sont nourrissants, ra-
fraîchîssants et légèrement laxatifs. Ils convien-
nent aux constitutions sèches et irritables, aux
tempéraments sanguins et bilieux, dans les maladies inflammatoires, la phtisie, etc.

En Allemagne, on vante la cure aux raisins ;
des centaines d'Allemands s'en vont vers la fin
d'août passer six semaines dans diverses localités pour pratiquer la cure aux raisins. La quan-

tité qu'il convient d'absorber varie de un kilogramme à cinq kilogrammes et au delà par jour,
prise en trois, quatre ou cinq fois, autant que
possible pendant la promenade.

En 1826, Mme Sallières, ex-femme de chambre
de la duchesse de Montebello, abandonnée par
les médecins de Paris, fut envoyée en dernier
lieu à Thomery pour y faire une cure de raisin.
Cette dame, pendant plus de trente ans, mangeait
en moyenne un kilogramme et demi de raisin
par jour. Elle est morte nonagénaire à Thomery,
chez M. Nicolas Benoist.

Voyez Thomery, c'était autrefois un pauvre
village dont les grossiers habitants languissaient
dans la misère. Ils en sont sortis, grâce à un des
leurs (Charmeux), par la culture d'un fruit dont
la récolte est particulièrement confiée aux
femmes.

Le sol de Thomery se compose de 400 arpents
renfermant d'arides carrières, surtout les Effondrés. En lui donnant le raisin on lui a fait produire un million. Les travaux des femmes y sont
légers : effeuiller la vigne pour laisser passer le

soleil, éclaircir les grappes en détachant les grains avariés.

Toutes ces choses demandent de la délicatesse et des soins dont les femmes seules sont capables. L'art de parer les paniers, l'emballage des raisins, forme à lui seul une science complète. Les jeunes filles qui la possèdent sont très recherchées et le talent supplée souvent à la nature de la dot.

Voilà comment les villageois de Thomery ont passé de la misère au bien-être, et de la barbarie à la civilisation : par la culture d'un fruit et par l'influence toute puissante des femmes rendues à leurs travaux manuels.

Journal des Débats, 2 février 1838.

Une cavalcade à Thomery.

Le 16 mars 1882, jour de la Mi-Carême, notre village était en liesse et une grande affluence de monde des localités voisines était attirée dans nos rues par une brillante cavalcade.

En tête marchait une troupe de cavaliers richement costumés. Suivaient cinq chars pompeusement ornés avec les plantes provenant des serres

de MM. Charmeux et Salomon, et artistement dé-
corés par M. Dumy, peintre, aux Sablons. Ces
chars étaient :

1° Celui des Blanchisseuses, conduit par
Mme Jomat;

2° Celui des Enfants, conduit par M. Léon
Gérard dont la corpulence forte et avantagée de
plus par un accoutrement de circonstance, for-
mait un plaisant contraste avec les bébés placés
derrière lui;

3° Celui des Quatre-Saisons;

4° Celui de la Viticulture;

5° Celui de la Musique dans lequel était le
jeune Émile Lavaux remplissant un rôle de char-
latan.

Ensuite venaient un géant, un moulin à vent,
des Écossais, des toréadors, des gitana, etc.

Ce joyeux cortège était suivi d'un autre char,
celui des Marmitons dont le chef était M. Dumy,
décorateur des chars précédents, et enfin de l'in-
évitable roi d'Yvetot, dont M. Timbert offrait le
type consommé.

La nuit, un grand bal paré et masqué eut lieu
sous la tente Bonabot, de Moret, dressée tout
exprès sur la place publique.

Le lendemain, *après la part faite à la bienfaisance,* un déjeuner réunissait dans la salle Paupardin les acteurs de la veille.

Les dispendieux travaux, les somptueuses toi-
lettes, l'intelligent choix des couples pour l'orga-
nisation de la cavalcade avaient demandé huit
fatigantes soirées de discussion et trois jours d'une
mise à l'œuvre laborieuse.

Il était donc juste que les marquis, comtesses,
baronnes, pages, chevaliers, mignons et mignon-
nes, après de si belles heures d'acclamation et de
triomphe, resserrassent leur union et se consolas-
sent un peu de l'évanouissement de leur pompeux
éclat!..

Thomery, un siècle avant la Révolution.

Moins d'un siècle avant la Révolution, la population de Thomery, y compris le personnel des
hôtels d'Effondré pouvait atteindre le chiffre de
1500 habitants, car d'après les registres paroissiaux tenus alors par les curés de la paroisse, on
comptait en moyenne par an 40 actes de baptême,
20 actes de mariage, 50 actes de décès.

Quoique aujourd'hui, la population soit à peine

de 1200 habitants, nos registres de l'état civil contiennent un nombre d'actes de chaque sorte, proportionnellement moins grand; mais la mortalité est aussi moins grande qu'à l'époque, et de plus, nous voyons chaque année de jeunes ménages et de nouvelles familles venir se fixer dans la localité.

Si l'on considère qu'à la même époque, le territoire déjà si restreint de la paroisse était partagé entre :

1° La seigneurie de Saint-Denys-de-la-Chartre;

2° Le fief de la Cure qui comprenait une partie du lieu dit les Guignegaudes, le clos du Presbytère (aujourd'hui établissement de viticulture de M. Salomon), tous les Cailloux, le Puisoir, la Pitié;

3° La fabrique de Notre-Dame de Moret qui possédait le fief de Chantoiseau et une partie des Danjoux et des Pleux;

4° La seigneurie de By;

On comprendra qu'alors il n'y avait guère de propriétaires et que la situation de fortune de Thomery était loin d'être aussi enviable qu'elle l'est aujourd'hui.

Nous lisons dans les registres paroissiaux conservés aux archives de la mairie, qu'en 1709, année de disette et de famine pour toute la France, beaucoup d'habitants de Thomery sont morts de faim et de froid. Il y avait huit mois qu'on vivait de pain fait avec des débris de son, d'orge et de paille. Les enfants couraient dans la rue, cherchant de quoi assouvir leur faim ; on en vit qui se querellaient pour un « trognon de chou » — « En 1740 le bled valait 8 livres le bichet » (8 fr. le double décalitre environ, c'est-à-dire 40 fr. l'hectolitre).

La terre manquait de produire pour les bras qui la cultivaient ; aujourd'hui, elle manque de bras pour la faire produire.

Avant 1789, la paroisse de Thomery était comprise dans l'élection de Melun, c'est-à-dire, était soumise pour les impôts au tribunal d'élection de Melun dont les membres avaient pour mission de répartir les impôts entre les habitants de la circonscription. Il y avait en France 181 élections.

Pour la justice, Thomery faisait partie du bailliage de Moret et du présidial de Melun. Des vieillards nous affirment avoir vu près de la porte de l'église un poteau en bois dans lequel étaient restés des morceaux de ferrements cassés. C'était le pilori auquel on attachait les criminels désignés à l'indignation publique. Selon le dire d'un de ces vieillards qui tient le récit de son aïeul, la dernière exposition fut celle d'un bigame, en 1756. On avait placé devant lui deux quenouilles, attributs des occupations de ses deux femmes.

Le grenier à sel était à Melun avec succursale à Samois. C'était là où l'on débitait le sel sous la surveillance des autorités. Pendant longtemps, notre pays, comme ceux des environs, du reste, vu l'état pauvre des habitants, fut considéré comme un pays de *franc salé*, c'est-à-dire exempt de l'impôt du sel. Mais quand Louis XIV, dont les guerres et le faste avaient occasionné des dépenses ruineuses, vit qu'il fallait remplir les coffres de l'État, il réorganisa les taxes et le pays de Gâtinais dut en payer une assez élevée. (D'après note écrite sur les registres paroissiaux.)

Thomery pendant la Révolution.

Thomery étant entouré de possessions auxquelles étaient attachés des privilèges de vieilles dates, les habitants s'étant trouvés heureux avec les nombreux prêtres et chapelains qui leur avaient fait prendre l'habitude des exercices religieux, l'agitation qui secoua la France à la fin du dernier siècle ne trouva pas un écho bien fidèle dans le cœur de nos villageois. Aussi vit-on les délégations du comité de Melun et des membres de la société populaire de Fontainebleau venir chauffer le zèle de la population tiède en faveur de la Révolution.

SOCIÉTÉ POPULAIRE DE FONTAINEBLEAU.

Séance du 30 vendémiaire an II.

Le Président a rendu compte de la Fête de Thomery à laquelle plusieurs membres de cette société avaient assisté. Il en résulte qu'ils ont contribué à la fondation d'un société populaire dans cette commune. Il ajoute que dès que cette société sera organisée, elle demandera l'affiliation à la nôtre. L'assemblée applaudit.

Signé : GUIDON, président.   GOSSET, secrétaire.

La fête dont il vient d'être parlé dans ce compte rendu avait été remarquable par l'inauguration du buste de Marat placé sur une colonnette qui avait été élevée sur une petite place près de l'église. On sait que ce sanguinaire démagogue fut, après sa mort, considéré comme martyr de

la liberté et invoqué dans les prières publiques.
L'année suivante, un nommé Bunet, de la maison
des Pressoirs, qui avait assisté à l'exécution de
Robespierre (10 thermidor), était revenu à Thomery avant que l'on y sût la nouvelle. Cet homme
avait lui-même, en proférant toutes sortes de
malédictions et en présence de nos paysans épou-
vantés, renversé et brisé le buste de Marat. On
fut saisi de pitié pour « l'insensé, le malheureux
Bunet », et l'édilité allait s'emparer de sa personne lorsqu'arriva le message officiel annonçant
que la France était délivrée du joug tyrannique
de la Terreur.

C'est en 1793 que furent détruits les emblèmes
considérés comme séditieux, Croix Blanche,
Croix des Carrefours, Chapelle à Rocher, Croix
à Bonpain, à By, que furent grattés les écussons
et armoiries dont on trouve les restes aujourd'hui
dans l'église. Le curé Toussaint, qui était à la
tête de la paroisse depuis une douzaine d'années,
ne fut pas d'abord inquiété. On le laissa dans
son presbytère, mais à la condition que cette demeure changeât de nom et fût appelée Maison
Commune; lui-même avait quitté son titre de curé
après avoir prêté serment, et fit partie du Conseil

Général de la commune. Il continua la rédaction
des actes de l'état civil, mais il signa désormais :
Toussaint, officier public. L'église, que l'on appelait temple de la réunion décadaire, lui était encore ouverte quand il le demandait, et il présida
plusieurs fois malgré lui certaines cérémonies
semi-catholiques et révolutionnaires. Mais au
mois d'octobre 1793, ayant été dénoncé au comité
de Salut public, et averti à temps, il s'évada la
nuit même où l'on devait l'enlever de l'endroit
où il se trouvait caché, et alla se réfugier à Pont-
sur-Yonne, son pays natal.

Les cérémonies du culte catholique cessèrent
alors, et c'était Jacques Favard, ancien clerc pa-
roissial, qui, les jours de décadi et des fêtes
républicaines, offrait de l'encens à la déesse
Raison personnifiée par la plus belle femme de
l'endroit, qui avait consenti à recevoir ces hommages.

L'observance du décadi, paraît-il, était de ri-
gueur : un brave cordonnier, François Michin,
ayant charge de famille, avait été surpris travail-
lant ce jour; il faillit payer de sa tête la violation
de ce jour de repos.

La Terreur passée, un groupe d'habitants

adressa la lettre suivante à l'ancien curé Toussaint, dans le but de le faire revenir.

Thomery, ce 18 messidor IIIe année de la République française, une et indivisible.

Les citoyens de la commune de Thomery au citoyen Toussaint leur pasteur.

Citoyen, la Convention nationale, par son décret du 11 prairial dernier, relatif à la célébration des cultes, vient d'accomplir nos vœux, en nous permettant de professer librement la religion de nos pères, dont dix-huit mois de terreur nous avaient privés; il ne nous reste plus qu'un désir, celui de vous voir reprendre un troupeau qui ne vous a jamais abandonné, mais dont vous n'avez été séparé que par des circonstances malheureuses. Aujourd'huy que la loy accorde protection à tous les hommes vertueux, la commune entière nous charge de vous écrire pour vous inviter à vouloir bien venir reprendre vos fonctions de ministre du culte catholique. L'attachement que chacun en particulier a toujours eu pour vous, votre devoir, tout nous fait espérer que vous ne rejetterez point notre réclamation. Les lettres d'ailleurs que nous a communiqué le citoyen Dechambre, nous en donnent l'assurance; de notre côté, nous ferons à votre arrivée ce qui dépendra de nous pour vous procurer un logement honnête et un traitement convenable à votre état. Le logement est même tout prest, deux chambres du presbytère qui ont été conservées pour la municipalité, lorsqu'il fut loué,

vous serviront provisoirement. S'il était possible que
vous puissiez venir pour dimanche prochain, vous satis-
feriez le vœu de toute la commune. Nous vous prions
de vouloir bien apporter avec vous votre calice et les
ornements qui vous sont nécessaires. Nous attendons
avec empressement le moment de vous embrasser et
de vous assurer du sincère attachement avec lequel
nous vous prions de nous croire très fraternellement
vos frères et paroissiens.

Suivent vingt-six signatures.

M. Toussaint, étant alors malade, n'a pu se
rendre à l'invitation qui lui était ainsi faite. Il a
cessé ses fonctions ecclésiastiques et a résidé
chez sa sœur, à Sens, jusqu'à sa mort arrivée le
28 octobre 1826. M. Toussaint, malgré les persé-
cutions dont il fut l'objet pendant des moments
sombres et critiques, n'en conserva pas moins un
bon souvenir pour son ancienne cure, car par
son testament il légua à l'église de Thomery son
calice et sa patène en argent, ainsi que tous ses
vêtements et ornements de culte indistinctement.
(D'après lettre de M. Berthelin, avocat à Sens,
en date du 6 novembre 1826.)

Le presbytère a été vendu le 19 messidor an VI,
en exécution de la loi du 28 ventôse même an-

née, par l'administration du département, en présence et du consentement du commissaire du Directoire.

L'église fut rendue au culte catholique, et la première messe qui y fut célébrée fut celle de la fête de l'Ascension (1796), par l'abbé Ledoux. Depuis cette époque, l'Ascension est considérée comme la fête du pays. Le successeur de l'abbé Ledoux fut l'abbé Dangelin, que plusieurs personnes existantes de nos jours, ont connu.

Le voltigeur Guillaume Mézière.

Guillaume Mézière était originaire de la Normandie; quoique complètement illettré, il avait cet esprit naturel qui caractérise les « gars normands. »

Ayant beaucoup souffert dans sa jeunesse, ayant traversé bien des périls, il était devenu froid dans la vie habituelle et conservait le plus grand calme et une prudence réfléchie dans les circonstances émouvantes ou extraordinaires.

Guillaume Mézière était un vétéran du premier Empire, un de ces humbles inconnus parce qu'il ne s'est trouvé personne pour raconter leurs exploits, mais dont les noms viennent à leur tour se dégager des grandes lignes de l'histoire, pour faire voir aux générations suivantes qu'elles ne doivent rien considérer comme impossible, lorsqu'il s'agit de la défense de la Patrie et qu'il n'est pas besoin de porter un grand nom, ni d'être chef d'armée, ni grand ministre pour faire admirer le courage ou la vertu.

Mézière est resté soldat pendant 14 ans, de 1801 à 1815. Il a combattu à Austerlitz (1805) à Iéna (1806) où il reçut une balle dans la jambe, à Eylau, à Friedland (1807). En 1808, il partit pour l'Espagne où il combattit sous Bugeaud à Lérida, à Tortose, à Saragosse en 1809, à Terragone en 1811 où une balle traversa l'aigle de son shako et lui laboura la peau du crâne. Mais l'action d'éclat du voltigeur Mézière eut lieu à Conflans, en Savoie, le 29 juin 1815, à la fin des Cent-Jours.

Le retour de Napoléon de l'île d'Elbe avait rallumé la guerre et les frontières de France s'étaient hérissées de nouveau d'une ceinture de baïonnettes. Le 14e de ligne fut désigné pour arrêter dans les défilés de la Savoie, l'armée austrosarde.

« Ce glorieux incident de guerre demeure presque ignoré à côté de l'écroulement de Waterloo
et fut le dernier fait d'arme qui illustra l'ère impériale. Le 28 juin 1815, le colonel Bugeaud, qui
occupait les villages de Conflans et de l'Hôpital,
reçut le bulletin officiel de la défaite de Waterloo.
Pendant que cette sinistre nouvelle se répandait
dans les rangs, un sous-officier de cavalerie ac-
courait à toute bride, apporter la nouvelle de
l'approche des Autrichiens. Le colonel Bugeaud,
ne s'inspirant que d'un patriotisme ardent, trouva
des paroles généreuses qui allèrent au cœur des
soldats et relevèrent leur moral. « Soldats, leur
dit-il, d'une voix forte, voici votre aigle! C'est au
nom de la patrie que je vous la présente; car si
l'empereur, comme on l'assure, n'est plus notre
souverain, la France reste. C'est elle qui vous
confie ce drapeau; il sera toujours le talisman de
la victoire. Jurez que tant qu'il restera un soldat
du 14e de ligne, aucune main ennemie n'en ap-
prochera! » — « Nous le jurons! » s'écrièrent
avec élan les officiers et les soldats.

Heureux les soldats commandés par de tels
chefs! De quels douloureux sentiments l'âme
n'est-elle pas assaillie, quand on pense aux ré-

sultats qu'eût pu obtenir dans la guerre fatale de
1870, notre vaillante armée de Metz, si elle eût
eu à sa tête un homme aussi énergiquement
trempé et qui eût su faire planer au-dessus des
ruines d'un gouvernement effondré la grande
image de la patrie. » (D'YDEVILLE).

« Le colonel Bugeaud, afin de mieux résister à
des forces supérieures, se proposa de ne défendre
que la rive droite de l'Arly qui sépare Conflans et
l'Hôpital et de laisser l'ennemi franchir la rivière
par petites portions afin de pouvoir l'écraser en
détail. Il s'opposa dans le même ordre d'idées à
la destruction du pont qui relie Conflans à l'Hôpital. Les Autrichiens, voulant franchir ce pont, furent reçus par une vive fusillade et repoussés la
baïonnette dans les reins. Mais le nombre des
ennemis allait toujours croissant et les cartou-
ches françaises commençaient à manquer. Ne
pouvant tenir plus longtemps dans l'Hôpital, sans
munitions, le colonel Bugeaud rallie sa petite
troupe et lui fait prendre position en arrière. »
(Même auteur.)

Pendant que cette retraite s'effectue, six hommes au nombre desquels était Mézière, se dé-

voucnt pour faire sauter le pont de l'Arly. Ce pont vole en éclat sous les pieds de la colonne autrichienne. Des six héros, trois sont disparus ensevelis, deux sont blessés et pris par l'ennemi; un seul s'est échappé sous une pluie de balles; couvert de boue et de sang, il tombe exténué, à bout de forces, en atteignant l'arrière de son régiment; c'était Mézière. De l'aveu unanime du petit corps d'armée et au nom de la France, il est proposé sur-le-champ pour la croix de la Légion d'honneur.

Mais les glorieux débris du régiment de Bugeaud, considérés par les Bourbons comme ayant fait défection, en obéissant à un officier qu'ils qualifiaient de *brigand de la Loire*, ne reçurent pas la récompense due à leur mérite, et ce fut seulement en 1850 que Mézière fut admis à faire valoir ses droits à la rente qui devait s'ajouter à sa décoration.

Le capitaine Pruneau.

Il est utile et juste, lorsque l'on en trouve l'occasion, de mettre en lumière tout ce qui touche à la prospérité, à la considération, à la gloire de notre pays ; c'est un hommage dû à ceux qui y ont contribué ; c'est donner une preuve que, jusque dans les petites bourgades de notre France, résident à toute époque des cœurs où vivent l'esprit de sacrifice et de dévouement ; c'est aussi un enseignement précieux où nos enfants doivent puiser l'amour de la Patrie.

Pierre-Louis-Étienne Pruneau est né à Thomery le 2 juin 1783, du mariage d'Amand Pruneau et Geneviève Cardon.

Amand Pruneau était un des notables du pays. Il a eu de son premier mariage avec Geneviève Cardon, huit enfants, quatre garçons et quatre filles, savoir :

1° Gabriel Pruneau, marié à Victoire Cuissin, aïeux de Mme Mézière, née Doisneau, et de M. Doisneau, actuellement adjoint au maire de Thomery.

2° Louis Pruneau, marié à Geneviève Bergy, aïeux de Mmes Remy et Rondinet, nées Roze.

3° Maximin Pruneau, mort aux armées.

4° *Pierre-Louis-Étienne* Pruneau, le capitaine.

5° Élisabeth, mariée à Jean-Baptiste Amand Michin dit Lallemand, aïeux des branches Michin fils, Roze et Leclerc.

6° Michelle-Rose Pruneau, mariée à Michin

Louis-François, aïeux de Mme Gérard Ambroise.

7° Rose Pruneau, mariée à Thibault qui fut noyé en 1818 en conduisant un bateau de pommes à Paris, aïeux de M. Roze, Louis.

8° Et Marie-Louise Pruneau, épouse de Jean-Louis Souilliard, aïeux de Mme Viret, de M. Constant Leclerc et de Mme Androt.

Ces sept enfants ont fait souche de familles des plus honorables de Thomery.

Amand Pruneau, chef de la famille, était un homme de valeur dans sa modeste condition. Resté veuf de sa première femme avec ses huit enfants, à force de travail et d'économie, il sut les élever par les temps les plus difficiles en leur inculquant à tous les principes d'ordre et de probité qui le caractérisaient lui-même.

Un premier enfant fut réclamé pour la défense du pays, Maximin Pruneau, qui mourut sous les drapeaux.

Sur le point de voir partir à son tour le dernier né de ses garçons, Amand Pruneau s'imposa le sacrifice de le faire entrer aux grenadiers vélites de la garde à Fontainebleau.

Ce fils était le futur capitaine Pruneau. Il fut incorporé à l'école des vélites le 2 messidor an XII (21 juin 1803), aux grenadiers de la garde impériale le 1er janvier 1807. Nommé sous-lieutenant au 33e régiment de ligne le 4 avril 1808, il passe au 118e de ligne le 1er juin 1808.

Il est nommé lieutenant le 31 août 1810 et capitaine le 10 avril 1813 au même régiment, et le 1er septembre 1814 au 102e.

Enfin, il est licencié conformément à l'ordonnance royale du 3 août 1815.

Résumé des campagnes du capitaine Pruneau.

1803. Grenadier vélite de la garde impériale et incorporé aux grenadiers de la garde de l'empereur, il le suit jusqu'à la capitulation d'Ulm et à son entrée dans Vienne le 13 novembre 1805.

Le 2 décembre 1805, il prend part à la bataille d'Austerlitz.

1806-1807. Campagne de Prusse : bataille d'Iéna, entrée à Berlin le 24 octobre 1806. Bataille d'Eylau le 8 février 1807. Bataille de Friedland le 14 juin 1807.

Après la paix de Tilsitt, le 7 avril 1808, le grenadier Pruneau recevait cette lettre signée du général Clarke, ministre de la guerre :

« Je vous préviens avec plaisir, monsieur, que le 4 de ce mois, sa Majesté a bien voulu vous nommer au grade de sous-lieutenant. Vous partirez sur-le-champ, en poste, pour Bayonne où vous serez attaché au régiment qui vous sera indiqué par Son Altesse le prince de Neufchâtel. »

Le sous-lieutenant Pruneau entrait donc en Espagne au commencement de l'invasion française et y restait jusqu'au désastre de Vittoria. Il prenait part aux batailles, sièges et combats de ces campagnes néfastes, causes principales de la chute de l'empire et du démembrement de la France impériale. Les armées françaises y firent des prodiges de valeur et d'héroïsme perdus, hélas! pour ceux qui les accomplirent. Napoléon n'était plus là et où le soleil ne luit pas, rien ne peut fructifier. Le désastre de Vittoria (21 juin 1813) avait consommé la perte de l'empereur en Espagne.

C'est au passage de la Bidassoa, aux derniers combats de la frontière, que le capitaine Pruneau commandant un assaut à la tête de sa compagnie fut atteint d'un coup de feu plongeant. La balle entra par l'aisselle droite et le traversant de part en part sortit à l'aine gauche. Dix jours seule-

ment après, il reprenait connaissance sur son lit
d'hôpital.

Ordre avait été donné par le général de sacri-
fier quelques compagnies, pendant que le gros du
corps d'armée tournait la position retranchée
occupée par les Anglais et les Espagnols et cul-
butait l'ennemi. Chaque capitaine était appelé par
rang d'ancienneté à l'insigne honneur de mourir
pour la patrie, et à tour de rôle chacun marchait
à la tête de ses intrépides soldats aux cris de
« vive l'empereur! » à une mort certaine. En effet
les soldats de chaque compagnie reçus par un feu
à bout portant, étaient du premier jusqu'au dernier couchés sur terre. Ce dernier fait d'armes fut
la couronne de martyr du devoir, du capitaine
Pruneau. Son lieutenant, quelques secondes
avant la décharge meurtrière, lui disait : « Capitaine, tant va la cruche à l'eau, qu'à la fin elle
se... » Il ne put prononcer le mot « casse », une
balle lui frappait la tête et le tuait raide!

Les événements de 1814 et 1815 allaient se dé-
rouler avec une rapidité vertigineuse. La chute
de l'empire, les Cent-Jours, la campagne de
France et finalement la Restauration définitive
des Bourbons changèrent la situation de ces

pauvres soldats si fanatiques de leur empereur, un vrai dieu pour eux!

Tous ces officiers subalternes ayant pris part à toutes les fatigues, à tous les dangers, criblés de blessures, ayant une vieillesse prématurée, se voyaient sur le point d'être licenciés. Licenciés! c'est-à-dire rendus sans fortune à leurs foyers, à leurs familles (et encore heureux ceux qui en possédaient), sans profession, en un mot sans moyens d'existence.

Aussi comprend-t-on bien que malgré leur culte pour leur empereur, vainquant leur répugnance à rester sous les drapeaux coude à coude avec les nouveaux venus de Coblentz, officiers royalistes, ils étaient une multitude, ne demandant qu'une chose, être conservés dans leur grade, gagner l'heure de la retraite et rentrer avec une modeste pension dans leur maison paternelle.

Comme tous ses camarades de la vieille armée, le capitaine Pruneau, en voie de guérison de son horrible blessure, attendait à Marseille la décision qui devait fixer son sort. Serait-il maintenu en activité de service, mis en demi-solde ou licencié purement et simplement?

A ce moment chaque officier usait de toutes ses

connaissances, de toutes ses recommandations pour se faire maintenir dans l'armée. Le capitaine Pruneau n'avait que son passé irréprochable autant que glorieux à invoquer, cela lui suffit. Entre des milliers de compagnons d'armes, il fut maintenu dans son grade et attaché au 102ᵉ de ligne, le 1ᵉʳ septembre 1814. Vers la fin de 1815, il fut envoyé en demi-solde et rentra à Thomery chez son vieux père, au milieu des siens.

La décoration du capitaine Pruneau.

Vers la fin de l'année 1813, le capitaine Pruneau ayant à opter entre la croix ou une élévation de grade, avait demandé la croix. Il fut porté sur les états de propositions, mais les événements de la campagne de France de 1814, amenèrent un premier ajournement.

Après sa promotion au grade de capitaine du 102ᵉ de ligne pendant la première Restauration, il fut porté encore une fois pour la croix, mais cette étoile de l'honneur ne lui fut point encore accordée.

Pendant la Restauration, le dossier du capitaine Pruneau resta enfoncé dans les cartons du ministère. Sans l'opiniâtreté, l'amitié dévouée, la persévérance infatigable de son illustre compagnon d'armes, alors compatriote d'adoption, M. le lieutenant-général de Ségur, ce dossier, ces brillants états de services seraient encore perdus dans les archives militaires.

Après maintes démarches, M. le comte de Ségur écrivait le 30 avril 1847, la lettre suivante :

Mon cher capitaine, j'ai retrouvé vos papiers, je les ai présentés à la Grande Chancellerie et quoiqu'il n'y eût là que trente étoiles à donner sur 4,500 demandes, M. le maréchal Gérard a reconnu le mérite de vos bons et anciens services, de deux actions d'éclat et de vos blessures. Je vous annonce donc avec une vive joie que le Roi vous a nommé, en date du 27 avril 1847, chevalier de l'Ordre royal de la Légion d'honneur. Il est vraisemblable que M. le Grand Chancelier me chargera de vous recevoir chevalier, de vous remettre les insignes de l'Ordre, et en attendant, si vous ne pouvez venir à Paris. de vous autoriser à porter la décoration.

Bonjour, mon cher ancien compagnon d'armes, c'est avec une grande joie et de tout mon cœur que je vous embrasse.

Signé :   Le L^t g^l Cte P. DE SÉGUR.

Et le premier mai suivant, l'excellent et digne général écrivait à nouveau en ces termes :

Mon cher capitaine, M. Prou à qui j'envoie les instructions que j'ai reçues de M. le maréchal Gérard pour vous recevoir chevalier, vous dira les pièces qui me sont demandées et qu'il faudra que je remette à la Grande Chancellerie, après votre réception. Vous verrez que j'ai reçu pour vous, de M. le maréchal Gérard, les insignes de l'Ordre avec délégation pour vous recevoir et vous les remettre et qu'en attendant je vous autorise au nom du Grand Chancelier à porter le ruban de la Légion d'honneur. Si vous venez à Paris, quand vous aurez réuni les trois pièces demandées et avec le certificat d'individualité, je vous recevrai chevalier à Paris. Sinon, ce sera à mon retour à la Rivière. Ne vous pressez pas plus qu'il ne faut, nous avons le temps. Si vous venez à Paris, écrivez-le-moi d'avance, nous déjeunerons ensemble, à midi. Bonjour, mon cher capitaine, je vous embrasse avec joie et de tout mon cœur.

Signé : Le L^t g^l Cte P. DE SÉGUR.

Suivant certificat du 30 avril 1847, signé du maréchal comte Gérard, Pierre-Louis-Étienne Pruneau était chevalier de l'ordre royal de la Légion d'honneur, à la date du 27 du même mois. Récompense bien méritée mais longtemps attendue.

Le capitaine Pruneau dans la vie civile.

Le capitaine Pruneau était, nous l'avons dit, rentré dans ses foyers à la fin de 1815. Dans le cours de 1816, il fit la connaissance d'une de ses compatriotes de Thomery, jeune orpheline des plus dignes, remplie de toutes les vertus désirables, depuis longtemps éprouvée par l'infortune et des péripéties qui ne peuvent trouver place dans cette notice.

C'était Geneviève Massé. Il la rechercha en mariage et l'épousa. Peu de temps après leur union, le capitaine Pruneau reçut l'ordre de rejoindre son régiment à Lyon. L'alternative était cruelle. Les nouveaux époux avaient jeté les premières bases d'une maison de commerce; le vieux soldat se laissa emporter par ses chers souvenirs : il n'y avait plus là son empereur, il donna sa démission.

Tous deux bien résolus à aborder une vie de travail mais de toute indépendance, le capitaine Pruneau et son épouse restèrent dans la vie civile. Cette résolution pouvait avoir ses motifs, mais elle était inopportune au point de vue des circonstances politiques. Le capitaine ne fut pas sans le regretter : un peu plus de résignation eût mieux valu, crut-il pendant longtemps. Rentré au régiment, souffrant encore de ses blessures à peine cicatrisées, il eût facilement au bout de peu de temps obtenu sa mise à la retraite, et avec la croix promise et une pension, cela eut rendu aux époux Pruneau, bien moins dure une vie commune des plus laborieuses. Il n'y fallait plus penser.

Malgré tout, la maison du capitaine Pruneau soutenue par une compagne vaillante, intelligente, avenante pour tous, commerçante achevée, prospéra. Le vieux soldat obtint le bureau de la régie et de tabac, et pendant près de 30 ans, à force de travail, d'ordre et d'économie, les époux Pruneau se créèrent une modeste aisance, élevant dans leurs principes leur fils unique Louis-Achille Pruneau, qui fut plus tard notaire à Saint-Fargeau (Yonne).

Le capitaine Pruneau avant sa mort devait encore avoir à reprendre quelque peu les habitudes militaires. Après 1830, lors de la formation de la garde nationale, il fut élu commandant du bataillon de Thomery. De concert avec M. le comte Philippe de Ségur, ils firent tous leurs efforts pour donner figure et honneur à ce bataillon de citoyens jusqu'alors étrangers à toutes les exigences du métier militaire. Fatigué, souffrant encore parfois de sa blessure, le capitaine fut remplacé par un des plus dignes habitants de Thomery, M. Duchesne.

La vie si belle et si bien remplie des époux Pruneau fut brisée trop tôt. A 55 ans, après de longues et cruelles souffrances qui n'avaient jamais pu altérer la sérénité de son esprit et son aménité pour les autres, Geneviève Massé mourait le 21 février 1851. Le vieux capitaine ne put résister à cette perte. Depuis longtemps sa santé était altérée; ce coup terrible dépassa ses forces et le premier mars suivant, 8 jours après, la tombe les réunissait pour l'éternité, emportant l'estime de tous ceux qui les avaient connus, et suivis des pieux sentiments de leur fils inconsolable.

La lettre suivante de leur vieil ami, le comte Philippe de Ségur est le plus bel éloge funèbre qu'on puisse invoquer à la mémoire des époux Pruneau, émanant du grand général, du brillant écrivain, de l'illustre membre de l'Académie française. Il écrivait le 8 mars 1851 au fils Pruneau, en ces termes :

Je vous remercie, mon cher Pruneau, d'avoir pensé à moi et à Mme de Ségur, dans le malheur qui vous accable. Vous avez bien raison d'être sûr que nous partageons votre douleur du fond de toute notre âme. Je ne conçois que trop qu'une âme aussi noble, aussi digne et aimante que celle de M. votre père, n'ait pu malgré son courage supporter une perte aussi grande que celle d'une femme aussi distinguée que l'était madame votre mère. Je ne les plains pas d'avoir fini, tous les deux à la fois, une existence devenue si souffrante, et de n'être pas séparés l'un de l'autre après tant d'années d'une union si douce et si exemplaire. C'est vous, ce sont leurs amis parmi lesquels je m'honore d'être, c'est notre commune entière qu'il faut plaindre d'avoir perdu, vous, de si tendres parents, nous, des amis vrais, et notre commune, ses deux habitants les plus honorables et les plus distingués, dont elle était fière à si juste titre. Je sens que l'expression de ces sentiments n'adoucira point votre douleur; mais il est impossible à la mienne de ne point rendre en mon nom et au nom de tous nos compatriotes cet hommage si mérité à ceux que nous regrettons aujourd'hui si cruellement! En vous remerciant encore, mon cher Pruneau, de m'avoir donné l'occasion de vous dire toute la part que nous prenons à votre malheur, je vous prie de nous permettre de croire qu'elle vous aidera à supporter la double infortune, si touchante et si complète dont votre lettre vient de m'exprimer si douloureusement toute l'amertume.

Recevez donc, mon cher Pruneau, avec tous nos vifs et profonds regrets pour votre digne mère et pour l'un de mes plus honorables, de mes meilleurs et de mes plus anciens compagnons d'armes, tous mes vœux pour votre avenir et l'expression de mon vieil et entier attachement.

Signé : Le G^l P. DE SÉGUR.

Mlle Rosa Bonheur.

EXTRAIT DU *Figaro*.

Depuis Fontainebleau, la route est un ravissement à travers la Forêt; un peu au delà de Thomery, où le raisin attend le soleil, nous apercevons une grande fenêtre d'atelier : C'est là. Nous traversons la cour, et sur le seuil de la maison, nous attend un petit homme vêtu d'une blouse de paysan et d'un pantalon de velours qui tombe sur un pied mignon chaussé de souliers vernis d'une coupe irréprochable.

Ce petit homme, de loin nous souhaite la bienvenue en nous saluant de son chapeau de paille, et je vois de longs cheveux blancs encadrer un

front large! Ce petit homme, c'est Rosa Bonheur,
c'est la sauvage de Fontainebleau. Toute jeune,
quand elle courait les marchés aux chevaux et les
abattoirs, elle a contracté l'habitude de porter le
costume masculin. Il y a longtemps que cela dure,
puisque Rosa Bonheur a soixante-huit ans et elle
ne s'en cache pas; elle porte son âge avec la crâ-
nerie de l'artiste qui sait que pour un peintre il
n'y a pas de vieillesse tant que son art est jeune.
Et il l'est.

Pour le moment Rosa Bonheur s'est passion-
née pour l'aquarelle et elle en fait de magnifiques; demain, un autre caprice d'artiste la sai-
sira; elle a eu cette fortune rare de gagner de
l'argent quand elle était jeune et de n'avoir plus
besoin d'en gagner aujourd'hui. Sa maison n'est
pas bien coûteuse; un vieux cocher, une femme
de chambre âgée, une cuisinière, deux autres
domestiques encore, tous, serviteurs qui sont chez
elle depuis vingt-cinq ou trente ans; trois chevaux, dont le stepper, une bête magnifique; on
lui avait envoyé d'Amérique trois chevaux in-
domptables qu'elle a donnés à Buffalo-Bill, et elle
lui a fait son portrait par dessus le marché; il y
a aussi un chapitre important pour les secours

qu'elle distribue dans les environs, où la sauvage
de Fontainebleau est adorée pour son cœur.

Mais, quand on pense que, avec quatre petits
tableaux dans son année, toujours attendus, elle
gagne ses cent mille francs sans se fatiguer,
on comprend qu'elle peut travailler selon ses
goûts.

Avec le petit homme en blouse, nous fîmes le
tour de son parc; Rosa Bonheur portait sur le
bras Gamine, une toute petite chienne; d'autres,
de taille respectable, sautaient autour de nous;
une vieille biche venait cueillir un morceau de
pain de sa main; les gazelles la saluaient par des
bonds capricieux; le moufflon venait se faire caresser.

Malheureusement, les deux lions en liberté ne
sont plus là; le mâle est mort étranglé par un os,
la femelle est morte de maladie, et il paraît que
c'est toute une tragédie que cette pauvre bête
expirante sur le seuil de sa maison où elle semblait venir chercher une dernière caresse de sa
maîtresse. Sous les grands arbres, Rosa Bonheur
me conta le drame avec une émotion poignante,
je la regardai; elle a dû être belle et les grands
cheveux blancs flottant autour de sa tête attristée

par le souvenir lui donnent à la fois je ne sais
quoi de vénérable et de tendre; c'était comme
l'image de la vieillesse bonne et touchante.

Telle m'est apparue cette femme que la légende
a transformée en une sauvage, parce qu'elle a
écarté de son existence tout ce qui aurait pu la
troubler. Elle vit de la sorte, très heureuse à sa
façon, en pleine santé de corps et d'esprit. Jeune,
elle a connu la célébrité à vingt-sept ans. Pendant quarante ans, la vogue ne l'a pas abandonnée. Mais si tentant que fût l'argent, elle n'a
jamais sacrifié au désir de s'enrichir par une
production hâtive. Elle est l'un des trois peintres
français les plus haut cotés en Amérique. Les
deux autres sont Jules Breton et Meissonnier.
Mais aujourd'hui comme hier, comme depuis cinquante ans, elle ne fait pas commerce de son art.
Quand un tableau est achevé à son gré, elle le
livre; sinon, elle le garde, et aucune somme ne
la décidera à s'en départir. C'est pour cela qu'on
ne voit presque jamais une de ses œuvres dans
les ventes publiques et qu'elles sont si rares chez
les marchands.

ALBERT WOLF.

Ce qu'a coûté la guerre de 1870-71.

Nous ne reproduirons pas les ordonnances, lettres et circulaires émanant du gouvernement général allemand de Reims, dans lesquelles se réflétait cette maxime en honneur de l'autre côté du Rhin : « La force prime le droit ». Nous ne donnerons pas non plus copie des bordereaux de réquisition du commandant prussien occupant le canton de Moret, ni des ordres qui y étaient joints, à l'adresse des municipalités, lesquels ordres avaient pour base la tyrannie et la haine pour principe. Nous voulons seulement mettre sous les yeux le tableau des pertes matérielles subies par la commune de Thomery et ses habitants.

Otages : MM. Rose Charmeux, maire, et Chagot, conseiller municipal, emmenés à Fontainebleau et relâchés ; M. Duchesne Michel, aussi conseiller municipal, est resté 9 jours à la prison de Fontainebleau.

1º Réquisitions en denrées, fourrages, effets et mar-
    chandises. . . . .   5.797 fr. 95
2º Réquisitions en bestiaux et animaux
    vivants . . . .   3.300 fr. »
3º Réquisitions en argent . . . .   5.198 fr. 50
4º Réquisitions en charrois et transports   1.035 fr. »
5º Pertes subies pendant les réquisitions   120 fr. »
6º Entretien et nourriture des trou-
    pes étrangères (46ᵉ régiment d'in-   4.103 fr. »
    fanterie prussienne).
7º Bateaux brisés sur la Seine. . . . .   1.075 fr. »
8º Pertes subies sur le produit des rai-
    sins de table . . . .   200.000 fr. »
9º Nourriture des soldats français faits
    prisonniers par les Allemands et
    échappés de leurs mains. . . . . . .   665 fr. »

                   Total. . . . 221.294 fr. 45

Ce chiffre est énorme pour la localité; mais que
sont ces dommages dont on se relève, à côte de
la douleur des familles dont les membres soldats
ou citoyens ont trouvé la mort sur les champs de
bataille ou furent les victimes du fléau? (Eugène,
Turc, Fransioli, Lecoq). Douleur mise au comble
par les barbares en emportant avec eux un lam-
beau de la patrie qu'ils venaient d'ensanglanter!
N'est-il pas permis de dire que notre siècle ne

tolèrera plus des injustices comme celle dont la France a été victime en 1871? N'est-il pas permis de penser que l'Alsace et la Lorraine, pays jadis gaulois, romains, francs, reviendront à la France? Est-il donc défendu de croire à une France plus forte et plus heureuse, à la fraternité des peuples, à la paix universelle!

TROISIÈME PARTIE

—

STATISTIQUE

Topographie.

Le territoire de Thomery est borné au nord et à l'est par la Seine qui le sépare de la côte boisée et presque à pic qui domine les Fours, commune de Champagne, les domaines des Pressoirs du Roy et de Montmélian, commune de Samoreau ; au sud, par la commune de Veneux-Nadon ; à l'ouest, par la Forêt de Fontainebleau et la commune d'Avon.

La superficie totale de ce territoire est de 326 hectares répartis ainsi qu'il suit :

1º Sol des bâtiments. . .	10	hectares.
2º Bois taillis	72	—
3º Vignes et jardins. . .	130	—
4º Terres	70	—
5º Pré.	44	—
Total . . .	326	hectares.

La Seine borde le territoire sur une étendue de 5,500 mètres; sur cette longueur se trouvent :

1° Le barrage de Champagne, construit en 1862 et modifié en 1884.

2₀ Le pont de Champagne, construit en 1864, racheté en 1882.

3° Le port communal d'Effondré.

Autrefois, il existait un gué en face la Ruelle-aux-Chats et un autre près du port d'Effondré, mais ces deux gués ont été dragués.

Altitudes au-dessus du niveau de la mer :

Montereau	50	mètres.
Thomery	48	—
By	80	—
Gare de Thomery	87	—
La Guette des Pressoirs	148	—
Melun	47	—
Largeur du fleuve	130	—
Profondeur moyenne	2 m. 60	

Vitesse du courant :

A 1 m. au-dessus de l'étiage, 0ᵐ 640 par seconde.
A 2 m. — 0ᵐ 790 —
A 3 m. — 0ᵐ 908 —

Débit :

A 1 m. au-dessus de l'étiage 141 mètres c. par sec^{de}.
A 2 m.   —   274   —   —
A 3 m.   —   439   —   —

A quatre mètres au-dessus de l'étiage, le chemin de Thomery au pont de Champagne est submergé; l'eau bat les murs des jardins du lieu dit les Fosses; la vitesse alors est de 1^{m}07 par seconde et le débit de 635 mètres cubes.

Deux chemins de grande communication traversent la commune de Thomery ; les plans d'alignement en ont été dressés récemment et sont déposés aux archives de la mairie.

1° Route de Moret au pont de Chartrettes ou chemin n° 137, passant dans le haut de By et à Chantoiseau.

2° Route de la gare de Thomery au pont de Champagne ou chemin n° 137 *bis,* qui traverse la partie centrale du village. Cette route mal pavée vient d'être empierrée; le travail a coûté 6,627 fr., dont 4,627 fr. à la charge de la commune et le reste à la charge du département.

Presque tous les autres chemins sont classés

dans la petite vicinalité et bon nombre de voies sont reconnues et limitées par un plan d'alignement dressé en 1885, par M. Minat, géomètre à Voulx.

La route allant de Thomery à la gare, appelée aussi route Ronde, fut construite par ordre de Henri IV ; elle commence à l'abreuvoir du Puisoir et finit à la Table du Roy, sur la route de Fontainebleau à Melun.

Vers 1610 fut construite la route des Mares de By.

Celle de Fontainebleau à Effondré (chemin Creux et rue du Port) n'était encore qu'un sentier. Celles d'Effondré à Saint-Aubin et de Thomery à Moret étaient plus limitées. Les chemins des Montforts et de By à la forêt étaient des routes de chasse et les riverains n'y pouvaient mettre de clôture le long sans l'autorisation du roi.

En 1726, le comte de Toulouse, propriétaire du château de la Rivière, traça lui-même la route du Prince et la fit paver. Dans le bas de cette route, à l'endroit appelé Port-Bonnet, existait autrefois un moulin dont la roue était mise en mouvement par l'eau d'une fontaine (fontaine de Saint-Roch) que l'on voit encore aujourd'hui à côté de la route du Prince, en haut du parc du château de la Rivière. La rue de Port actuelle s'appelait alors ruelle aux Mulets, et la ruelle à Grangy, ruelle aux Meuniers.

Au commencement du règne de Louis-Philippe, l'administration fit faire de compte à demi avec la commune de Thomery le pavage de la partie de la route Ronde comprise entre le carrefour du Châtel et la croix de Montmorin.

Par suite d'une convention passée entre la commune et l'administration forestière, et approuvée par décision ministérielle du 12 octobre 1863, M. Rose Charmeux étant maire de Thomery, les habitants de la commune sont autorisés à se servir de la route de Tanneguy, appelée aussi route Verte, allant de By à la gare de Thomery. Pareille autorisation vient d'être accordée pour le passage sur la route des Forts de Thomery, donnant sur le lieu dit les Sept-Arpents. La redevance annuelle à payer par la commune à l'État est de 45 fr. 50.

Au sud du territoire, sur les bords de la Seine, se trouvent les Roches-Courtaux, autrefois chéries des artistes peintres et aujourd'hui dévastées par la pioche et le burin du mineur. Ces carrières,

achetées récemment par Mme la comtesse Greffulhe
et exploitées avant par M. Cornier, entrepreneur
de travaux publics à Saint-Mammès, donnent une
pierre calcaire destinée aux enrochements des
barrages, des ponts ou des berges de la Seine
et de l'Yonne, depuis Auxerre jusqu'au delà de
Paris.

Météorologie.

Le climat est doux et tempéré; la hauteur
moyenne du thermomètre est de 15 à 20°; l'été,
néanmoins, il s'est élevé jusqu'à 35° à l'ombre;
nous l'avons vu descendre à 28° en 1879, du 22
au 26 janvier. Cette année-là, un verglas comme
en voit guère a été désastreux pour la forèt et
notre culture : la vigne gelant à 20°, presque
tous les ceps furent détruits. Le doyen d'âge de
la commune, M. Mathurin Valleaux, âgé de
93 ans, disait n'avoir jamais vu un pareil verglas.
La même année (1879), du 17 au 26 décembre, la
Seine était couverte de glace; quelques personnes
d'Effondré et du château des Pressoirs s'étaient
réunies au milieu de la Seine autour d'un fourneau qu'elles y avaient installé et faisaient des

crêpes. A Samois et à Héricy, un bal fut donné sur le fleuve, sous une tente dressée exprès. C'était un spectacle curieux que de voir le fleuve couvert de promeneurs. Nous nous sommes donné le plaisir de parcourir, avec notre famille, la partie de la Seine depuis l'abreuvoir du Puisoir jusqu'au port d'Effondré. Il faut cependant dire que tout cela était bien téméraire.

L'air est sain; les brouillards restent peu de temps, le courant d'air formé par la Seine entre les hauteurs de Montmélian et du Bois-Gauthier les dissipe rapidement.

Les pluies sont assez fréquentes dans les mois de mars et d'avril; elles viennent ordinairement de l'ouest ou du sud-ouest. Il tombe, année moyenne, de 35 à 40 centimètres d'eau à Thomery.

Les vents dominants sont ceux du sud, de l'ouest et du nord. Les vents du nord amènent ordinairement le sec; ceux du sud ou du sud-est le beau temps; ceux de l'ouest de la pluie et de l'humidité.

Le bouquet de Chantoiseau, appelé ici du nom de Charmoye, est une des plus vieilles futaies de la forêt : elle a de 250 à 300 ans.

A diverses époques, l'administration forestière

a eu l'intention de l'abattre pour la régénérer, mais à chaque fois elle a dû déférer aux vœux des habitants de Thomery, pour le maintien de cette futaie. Cette masse de bois couronnant la butte assez élevée au sud-ouest du village, a la réputation de faire dévier les orages ou du moins d'arrêter la chute de la grêle. Dans un mémoire lu à l'Académie des sciences, le 12 février 1866, M. Becquerel a fait connaître que, pendant une période de 30 ans, de 1836 à 1865, Thomery et ses environs n'ont été grêlés que trois fois; tandis qu'il n'est pas rare de trouver que, pendant le même temps, d'autres localités situées dans des plaines dénudées ont été grêlées au moins dix fois. Les orages venant de l'ouest semblent, en effet, se partager au-dessus de Chantoiseau : une partie des nuages s'enfonce sur Moret et l'autre se dirige sur Féricy, Machault, Valence.

Le règne animal.

Nous avons déjà parlé des époques géologiques du bassin de la Seine et du règne minéral.

ANIMAUX DOMESTIQUES. — Le règne animal n'a pour ainsi dire ici qu'une importance secondaire :

80 chevaux d'un travail mixte, attelés tantôt à la charrette, à la carriole ou à la voiture de luxe, 15 individus de l'espèce asine, des moutons chez le boucher, des porcs chez le charcutier, de la volaille un peu chez tout le monde, peu de pigeons, et qui le croirait! une dizaine de vaches chez deux ou trois nourrisseurs pour faire face à la notable consommation de café au lait de quatre cents ménages.

La race canine y est représentée par près de 100 animaux dont la taxe rapporte à la commune 600 francs.

Gibier. — Le sanglier est un des hôtes de notre forêt. Les vieux mâles sont solitaires ; les femelles et les jeunes mâles vivent en troupes qui, la nuit, sortent souvent des bois pour dévaster les champs de pommes de terre et d'autres légumes. On en voit rarement à Thomery.

Les cerfs, les biches et les chevreuils sont moins prudents ; s'ils se hasardent à quitter le grands bois le soir pour venir brouter dans nos taillis, le lendemain ils sont cernés et tombent sous la balle meurtrière du chasseur.

Il y a peu de lièvres et de lapins ; pas davantage de faisans et de perdrix.

Le gibier aquatique ne comprend que quelques rares oiseaux de passage : canards, pluviers, râles, castagneux ou grèbe appelé aussi raca-nette, lequel se nourrit de frai de poissons, d'insectes et de vers aquatiques; sa chair est désagréable par son odeur musquée.

Animaux nuisibles. — Le *blaireau*. Rare, on en a trouvé dans les déblais rocailleux amoncelés de chaque côté du chemin de fer, dans les taillis et la forêt. Cet animal fouille le sol, mange des racines et des fruits; il est très friand d'abeilles et de leur produit. Sa chasse est fort difficile; on ne peut guère le prendre qu'avec des pièges ou assommoirs.

Le *putois*, la *fouine*, la *marte* sont la terreur de nos bois au moment des couvées. Ils mangent aussi des mulots, des loirs; ils s'attaquent même aux vipères, ce qui leur donne une petite utilité.

Le *renard*. Assez commun, très nuisible au gibier; à détruire au terrier, à prendre dans des pièges, à empoisonner avec des appâts.

Le *chat* sauvage n'existe pas dans nos bois; mais il y a des chats domestiques qui chassent et redeviennent sauvages et grands destructeurs de gibier et d'oiseaux utiles. On les tue sans pitié.

L'*écureuil* « ce joli petit animal qui n'est qu'à demi-sauvage » mange beaucoup de fruits de bois; il s'attaque aussi aux couvées de petits oiseaux. Il est très nuisible dans les endroits de la forêt plantés d'arbres verts, car il ronge les bourgeons de ces arbres et empèche ainsi le développement des flèches.

Le *rat d'eau* qui vit sur les bords de la Seine, est nuisible aux cultures voisines. Certaines personnes disent que rôti sur le gril, le rat d'eau constitue un mets très délicat.

Les *loirs* et les *lérots* habitent sous les chaperons de nos murs; nous les combattons par les quatre-de-chiffre, la noix vomique, l'arsenic et tous les moyens possibles.

Les effrontés et criards *moineaux* francs ou pierrots, qui chassent les hirondelles de leurs nids, sont des alliés qui nous font payer trop cher leurs services dans la saison du raisin; aussi nous leur donnons congé à coups de fusil.

L'*émouchet* et la *buse* détruisent du gibier, mais compensent en partie ce préjudice en nous débarrassant de petits rongeurs et de reptiles nuisibles.

Les *ramiers* et les *tourterelles* sont moins nuisibles ici que les pigeons domestiques de certains colombiers, car nous avons vu maintes fois ces derniers s'attaquer à nos planches de pois, à nos graines, à nos fruits.

La *vipère* et l'*aspic* se rencontrent dans les forêts de Fontainebleau et de Champagne, dans la côte des Pressoirs et des Fours, sous les feuilles, sous les tas de fagots. Il faut faire grande attention à leurs morsures qui peuvent être dangereuses et même mortelles par les grandes chaleurs. On emploie l'ammoniaque et mieux encore la cautérisation au nitrate d'argent ou au fer rouge.

Il est inutile de détruire les *couleuvres,* car elles sont inoffensives. On trouve ici rarement la couleuvre royale ou d'Esculape, plus souvent la couleuvre lisse, la couleuvre vipérine qui vivent dans les bois. Disons en passant que M. Pierson, Étienne, et plusieurs autres personnes frémissent encore au souvenir d'avoir vu dans le Bois-Gauthier, près de Saint-Aubin, un serpent de plusieurs mètres de long. La couleuvre à collier est plus commune; on la rencontre sur le bord de l'eau, dans la prairie, du côté des Mares de By et dans les endroits assez frais.

ANIMAUX UTILES. — Les *chauves-souris*, espèces dites fers-à-cheval vespertillons, se retirent pendant le jour dans les endroits sombres, et sortent au crépuscule pour chasser les insectes.

Le *hérisson*, — bois et haies, tas de pierres ou de fagots — sort le soir, mange beaucoup d'insectes et de limaces; s'apprivoise facilement. A introduire dans les jardins avec avantage.

La *musaraigne*, insectivore très utile, malheureusement confondu avec les souris et les mulots et à cause de cela objet d'une destruction déplorable.

La *taupe*, beaucoup plus utile que nuisible, mange énormément d'insectes et de limaces, diminue beaucoup l'abondance des vers blancs. Ne doit être détruite que partiellement, lorsque ses galeries sont trop près de la surface du sol et abîment les racines des cultures.

La *crécerelle* ou *émouchet* vit de coléoptères, de criquets, de mulots.

La *chouette,* le *chat-huant,* le *hibou,* le *petit-duc* mangent les hannetons, les bombyx nocturnes, les mulots, les campagnols, etc.

Les *pics*, les *torcols*, les *coucous* sont d'utiles échenilleurs.

Le *martin-pêcheur*, un des beaux oiseaux de nos climats, mange des insectes aquatiques ; mais il est d'utilité douteuse.

Les *pies-grièches* accrochent les insectes aux épines des prunelliers, mais tuent aussi les petits oiseaux au nid.

L'*engoulevent* est extrêmement utile ; il engloutit avec son large bec les papillons et insectes nocturnes. Sa laideur, cause de son surnom (crapaud-volant) et des préjugés ridicules, le font mettre à mort par certains paysans.

Nous ne dirons rien de particulier sur les petits passereaux connus de tout le monde ; nous nous nous bornerons à déclarer qu'ils sont des auxiliaires puissants du cultivateur.

Les *crapauds*, auxquels il ne faut reprocher qu'une monstrueuse laideur, ont une nourriture composée de limaces et d'insectes et méritent d'être épargnés.

Les *lézards* sont tous utiles, car ils ne mangent que des insectes ; à introduire dans les jardins.

Quatre ou cinq particuliers se partagent la pêche dans la Seine.

On trouve aussi, près de Thomery, des chevaux sauvages, des singes, des cacatois, des zébus, voire même des familles de lions; mais ces hôtes n'ont pas la liberté de nous incommoder, ni d'exercer leurs ravages dans nos propriétés, ni de nous croquer. On ne peut les voir que dans le parc du château de By, chez Mlle Rosa Bonheur, la grande artiste, qui les « croque » à sa façon.

Comme pour le règne animal, il y a ici, pour le règne végétal, des sujets indigènes et exotiques. Il faut visiter pour cela les établissements d'horticulture de MM. Charmeux et Salomon, où l'on joint l'agréable à l'utile et où l'on trouve le meilleur parmi le plus beau.

Instruction publique.

Académie de Paris. — Inspection académique de Seine-et-Marne, M. Pestelard. — Inspection primaire de Fontainebleau, M. Huttin. — Délégation cantonale de Moret.

Délégués résidant à Thomery :

MM. Salomon, chevalier de Légion d'honneur et du Mérite agricole. — Docteur Hubin, médecin-inspecteur des enfants du premier âge.

Instituteurs et institutrices depuis 1788 :

MM.

Favard, maître des petites écoles .   1788-1810.

Gilles-Frégé,   —   1810-1812.

Duparque,   —   1812-1818.

Carouget,   —   1818-1827.

Cauët,   instituteur public. . .   1827-1853.

Tholimet,   —   1853-1873.

Huet (A.-F.),   —   depuis .   1873.

Mmes

Mevrel,   institutrice . . . .   1854-1858.

Michault,   —   1858-1871.

Cerceau,   —   1871-1875.

Duchesne (Élise),   —   depuis .   1875.

En 1882, une école mixte fut créée au hameau de By.

Instituteurs :

MM.

Bauchy. . . . .   1882-1884.

Goblet . . . .   1884-1887.

Pasquier . . . .   1887-1889.

Chauveau, depuis. . . . .   1889.

L'emplacement où cette dernière école est construite a été abandonné à la commune de Thomery par Mlle Nathalie Micas, artiste peintre, compagne de Mlle Rosa Bonheur, au château de By.

La moyenne des élèves fréquentant chaque école, de 5 à 13 ans, est de 50. — Chaque année les élèves capables, ayant atteint l'âge réglementaire (12 ans), sont conduits à Moret, chef-lieu de canton, pour y subir l'examen du certificat d'études primaires. Plusieurs continuent à fréquenter les écoles locales; d'autres vont poursuivre leurs études dans des établissements d'instruction secondaire, notamment aux collèges de Fontainebleau et de Melun.

La première pierre d'une école.

Le 25 du mois d'avril, jour de la fête de saint Marc de l'année 1746, j'ay posé la première pierre de l'Ecole que demoiselle Marie Chenoy fait bâtir dans cette paroisse, proche le presbytère, accompagné d'Étienne Lepère, tixier, et Jean Fournereau, marchand, marguillers de mon église. La dite maison bâtie par les nommés Robert Paulmier père et fils et en ay dressé ce petit acte pour s'en souvenir et que ce soit à la gloire de Dieu.

Signé : POULET, curé.

Présentation d'un instituteur en 1810.

L'an 1810, le treize du mois de mai, les membres du Conseil général de la commune de Thomery étant assemblés,

Considérant que l'instruction publique est un des objets les plus essentiels, et qu'il est juste de faire le choix d'un instituteur de la commune en remplacement du sr Jacques Favard, décédé,

Ont présenté pour instituteur de la commune, le sr Louis Dupuis, âgé de 54 ans, actuellement à Villiers. Lequel, d'après les renseignements que nous nous sommes procurés, les attestations et certificats de M. le Maire de Villiers. est d'une probité la plus intacte et d'une bonne moralité à toute épreuve, qu'en outre, d'après l'examen subi par le sr Dupuis devant Nous et M. le Curé de la paroisse, nous lui avons reconnu les talents nécessaires pour chanter aux offices, et montrer la lecture, l'écriture, les calculs, pour pouvoir instruire la jeunesse;

Ont arrêté que le sr Dupuis sera présenté et présentons à M. le Sous-Préfet pour donner son avis et le présenter à Son Excellence Monseigneur le Grand-Maître de l'Université pour avoir son homologation;

Et fixe son traitement, savoir : pour les enfants lisant en la croix de Jésus, en latin et français, à 0 fr. 80 c., — les enfants lisant en contrats à 1 fr. 10 c., — et ceux qui en sont à l'écriture et les calculs 1 fr. 50 c. par mois, — et à la charge pour l'instituteur de tenir deux classes par jour, la 1re de 8 h. à 11 h. du matin, la 2e de 1 h. à 4 h. du soir, de faire lire à chaque classe 2 leçons et une page d'écriture et les calcnls;

Lequel a promis de bien et fidèlement remplir son

devoir, et a signé avec le Conseil général les jour, mois et an.

Signé : L. DUPUIS, — J.-Ét. SOUILLIARD, —Louis-Jean-Michel PROU, — L. ANDRY, maire.

Cette présentation n'a pas été acceptée, comme on le verra d'après le procès-verbal dont la copie suit :

L'an 1810, le treize du mois de juin, les membres du Conseil général de la commune de Thomery, assemblés; considérant que, lors de la nomination du s^r Dupuis, les membres du Conseil n'étant point en majorité suffisante pour délibérer sur la nomination de l'instituteur, représentent que le territoire de la commune étant tellement morcelé, — qu'il serait intéressant d'avoir pour instituteur à Thomery, un homme connaissant la géométrie pour la facilité des habitants; — que le sieur Dupuis n'ayant point ces connaissances ne peut être reçu pour instituteur;

Arrêtent que l'arrêté pris pour la nomination du s^r Dupuis est nul et restera de nul effet.

Fait, au Conseil général, les jour, mois et an susdits.

Signé: Dominique DUCHESNE, — A. LECLERC, — Pierre ANDRY, — Louis-Jean-Michel PROU, — J.-Ét. SOUILLIARD, — Pierre-N. CHARMEUX, — ANDRY, maire.

A la suite de ces dispositions, le nommé Gille Frégé, de Recloses, âgé de vingt-huit ans, fut présenté et accepté dans les mêmes formes; il mourut à Thomery en décembre 1812. Son successeur fut M. Duparque, à la suite de la nomination duquel est écrite la mention suivante :

Lettre du 1er mars 1813, signée Chambry, inspecteur de l'Académie, proviseur du lycée Bonaparte, attestant que Son Excellence le Grand-Maître de l'Université Impériale, autorise M. Duparque à exercer dans la commune de Thomery les fonctions d'instituteur primaire. — Enregistré à la mairie de Thomery, le 1er avril 1813.

Signé : ANDRY, maire.

Avant 1830, la salle d'école et le logement de l'instituteur étaient loués par la commune. Dans l'espace de vingt années, l'école s'était tenue dans cinq ou six locaux différents. L'instituteur était obligé de fournir à ses frais le mobilier et le matériel de classe. Il faut dire que ce mobilier et ce matériel des plus insuffisants et existant déjà depuis longtemps, étaient devenus après tant de translations dans un état qui ne permettait plus guère de s'en servir. A plusieurs reprises, l'instituteur avait adressé à la municipalité des demandes dans le but d'obtenir un mobilier de classe. — En 1830, l'école fut dotée de quelques bancs et de quelques tables; encore ces objets devaient remplacer ceux qui étaient devenus complètement hors d'usage parmi ceux qui appartenaient au maître. Vers la même époque, la commune fit l'acquisition de la propriété sur laquelle se trouvent aujourd'hui les deux écoles de garçons et de filles. C'est alors que Thomery posséda une maison commune, bien *commune* en vérité, et malheureusement pour l'instituteur et sa famille, car une partie du bâtiment était occupée par le garde champêtre, une autre par un usufruitier; le reste était consacré à la mairie, la salle d'école qui réunissait les enfants des deux sexes et le logement de l'instituteur. Ce logement était d'une exiguïté hors convenance, n'étant composé que d'une chambre et d'une cuisine. Il n'était pas permis à l'instituteur d'avoir de la famille : un membre de la municpalité d'alors disait même que si le maître d'école avait de la famille, il pourrait en loger une partie à l'auberge, à ses frais bien entendu (*sic*).

Il a fallu que l'administration intervînt pour

que l'instituteur pût disposer du raisin des treilles
plantées sur la façade du bâtiment. Nous tenons
ces renseignements de l'instituteur de l'époque
même.

Cette situation a duré jusqu'en 1853; une nouvelle municipalité remplaça celle qui depuis longtemps avait été hostile à l'instituteur sur la question de son logement et sur diverses autres de
détails. C'est aux soins de cette dernière municipalité que nous devons aujourd'hui une salle
d'école pour chaque sexe, un matériel de classe
suffisant, un mobilier solide et des logements con-
venables. L'ancien bâtiment (ancien presbytère)
fut démoli et fit place au groupe scolaire qui
existe aujourd'hui et qui comprend aussi la mairie. Mais l'instituteur ayant obtenu son change-
ment sur la demande qu'il en avait faite, était
parti pour un poste d'avancement, après être
resté volontairement pendant vingt-six ans dans
la localité. — M. Cauët, que nous venons de désigner, est décédé à Fontainebleau l'année dernière, à l'âge 87 ans. — Son successeur, M. Tholimet, a dû, pendant la construction du nouveau
local, tenir sa classe dans une maison louée par
la commune, et ensuite dans la salle de danse de

l'établissement Paupardin (aujourd'hui maison de M. Moutard). Après avoir dirigé l'école de Thomery pendant vingt années, il fut admis à faire valoir ses droits à la retraite (fin 1872). Après une existence toute de labeur et de préoccupations de toutes sortes (il tenait en dernier lieu la poste et le télégraphe et le bureau de la régie), M. Tholimet s'éteignit à la fin de janvier 1887, à l'âge de 73 ans.

MM. Cauët et Tholimet étaient des vétérans de l'enseignement. Peu de maîtres d'aujourd'hui atteignent leur âge : la mort en a fauché depuis peu d'années beaucoup qui étaient loin de leur retraite et qui laissent sur cette terre après eux la douleur et peut-être la misère ! Sommes-nous donc d'une trempe moins forte que nos aînés !

Religion.

CATHOLIQUE

Paroisse de Thomery.
Desservant : M. l'abbé DÉPAUX.
Doyenné de Moret : M. l'abbé POUGEOIS.
Évêché de Meaux : Mgr DE BRIEY.

14

CURÉS DE LA PAROISSE AVANT 1789

(Le chiffre placé à côté du nom indique l'année de l'installation.)

Canault, 1644. — Berger, 1649. — Villette, curé, Etosse et Canoy, vicaires, 1652. — Pingard, 1662. — Périllault, 1684. — Delaroche, 1698. — Véron, 1701. — Arrault, 1706. — Poulet, curé, et Corpechot, vicaire, 1740. — Loiseau, 1776. — Deschamps, 1777. — Toussaint, curé, Ravault, Daublaine et Lefort, vicaires, 1782.

La paroisse de Thomery était autrefois du diocèse de Sens, de l'archidiaconé du Gâtinais et du doyenné de Milly.

Le curé était nommé directement par l'archevêque de Sens; par conséquent, il n'y avait pas de présentateur ou collateur.

La cure valait au titulaire :

en 1648, 800 livres;
en 1695, 600 livres;
en 1730, 800 livres.

En cette dernière année, le curé avait à payer 24 livres de décimes ordinaires et 34 livres de décimes extraordinaires à l'État.

(Extrait du pouillé de Sens.)

PRÊTRES DESSERVANTS DE LA PAROISSE DEPUIS LA RÉVOLUTION

Ledoux, 1796. — Dangelin, 1805. — Berrens, 1832. — Gaffet, 1840. — Douville, 1849. — Groult, 1859. — Jardin, 1855. — Grapin, 1859. — Oudin, 1861. — Cahais, 1864. — Tardivon, 1865. — Dépaux, 1877.

CONSEIL DE FABRIQUE

Membres de droit : le maire, — le curé desservant, *secrétaire.*

Président : M. Blanchard. — *Trésorier :* M. Mercier, Alphonse. — *Membres :* MM. Saché, — Dubost, régisseur du château de la Rivière, — Cuper, officier de l'Ordre espagnol d'Isabelle la Catholique.

CONFRÉRIES

1º Assomption. — *Dames patronesses :* Mme la comtesse Greffulhe, — Mme d'Hyvers, — Mme Rose Charmeux, — Mme François Charmeux, — Mme Hubin. — *Bâtonnière :* Mlle Marie Valleaux, des Montforts.

2º Saint-Vincent. — 160 membres environ. — Cette confrérie a été fondée en 1810, par l'abbé Dangelin, Mathurin Valleaux, bisaïeul de M. Lucien Valleaux, secrétaire actuel de la société de secours mutuels de Saint-Vincent de Thomery, et Claude Benoist dit Marc-Antoine, bisaïeul de Mme Pierre Guérard, née Péron. — La bannière en velours rouge de cette confrérie a été offerte par Mathurin Valleaux susnommé.

CULTE PROTESTANT

Sept habitants. — Temple à Fontainebleau. Pasteur :
M. Falle. — La commune de Thomery paie annuelle-
ment 20 fr. 40 c. pour le loyer et l'entretien du temple.
(Arrêté préfectoral du 14 mai 1890.)

Administrations publiques.

En 1792, la commune de Thomery était administrée par un conseil général élu, ayant pour
président François-Nicolas Toussaint, qui avait
cessé de porter son titre de curé pour prendre
celui d'officier public. Elle faisait partie du dis-
trict de Melun, canton de Fontainebleau. Elle
avait un juge de paix nommé Thibault.

MAIRES

Amand Leclerc, an I.
Jacques Cardon, de l'an II à l'an III.
J.-B. Son, de l'an III à l'an IV.
Louis-Hector Andry, de l'an IV à 1816 comme maire
et de 1816 à 1828 comme adjoint. (En l'absence du maire,
c'était Jacques Favard, maitre d'école, qui faisait les
fonctions d'officier public.)

Ensuite viennent :

MM. Boursier, de la Rivière. .   1816.
    Le comte de Ségur . . .   1828.
    Dechambre, notaire . . .   1832.
    Michin-Raisin . . . .   1840.
    Prou, Louis-Étienne. . .   1846.
    Cardon, Charles . . . . .   1853.
    Charmeux, Rose. . . . .   1854 à 1888.
    Gautier, Anatole, maire actuel.

CONSEIL MUNICIPAL

MM. Gautier, maire, — Doisneau, adjoint, — Durand, — Souilliard, — Pruneau, — Fleurent, — Chagot, — Blanchard, — capitaine Charmeux, — Mercier, — Minet. Secrétaire de mairie : M. Huet.

RECETTE MUNICIPALE ET CONTRIBUTIONS DIRECTES

M. Durand de Saint-André, percepteur à Moret. — Contrôle et recette particulière, à Fontainebleau. — Direction et recette générale à Melun.

Les rôles des quatre contributions directes, pour l'année 1891, s'élèvent à 39,080 fr. 94, dont, pour la contribution foncière :

Propriétés non bâties 7.767 50
Propriétés bâties 9.937 61
Personnelle-mobilière. 11.255 75
Portes et fenêtres. 6.478 48
Patentes 3.641 60
                              Total. . .   39.080 94

Report . . .	39.080 94

Sur cette somme l'État prélève	16.355 73
Le département	6.819 71
La commune	14.471 40
Fonds de secours, non-valeurs, etc.	1.434 10
Total égal. . . 39.080 94	39.080 94

IMPOSITIONS ET DETTES COMMUNALES

1º Emprunt de 3,200 fr. à la caisse des chemins vicinaux, autorisé par décret du 2 mars 1881, pour participation dans le rachat du pont à péage de Champagne, remboursable en vingt ans à partir de 1882, au moyen d'une annuité de 181 fr. 28, payable chaque année le 24 septembre. Le rachat du pont de Champagne a coûté 38,700 fr.; le département ayant pris à sa charge les deux tiers de cette dépense, les municipalités ont eu à fournir l'autre tiers dans lequel Thomery a contribué pour la somme de 5,128 francs.

2º Maison d'École de By. — Emprunt de 15,186 fr. au Crédit Foncier de France, autorisé par décret du 5 octobre 1885, remboursables en 30 ans, au moyen d'annuités de chacune 954 fr. 04, payables chaque année.

Cette école a coûté	25.440 71
La subvention départementale ayant été de	7.592 90
La commune a à sa charge . . .	17.887 81

3º Restauration de l'église. — La dé-
  pense s'est élevée à la somme de . . 24.586 47
L'État a accordé un secours de.   4.500 ⎱
M. le comte Charles Greffulhe   11.500 »
  a souscrit pour la somme de .   7.000 ⎰
                                    ____
  La commune a à sa charge. . . 13.086 47

Sur cette somme, 10,000 fr. ont été empruntés au Crédit Foncier et remboursables en 30 ans au moyen d'annuités de 628 fr. 77 chacune, payables à partir du 31 juillet 1887.

4º Emprunt de 1,700 fr. à la Caisse des Dépôts et Consignations pour parfaire le contingent assigné à la commune dans la dépense de l'empierrement du chemin Nº 137 dans la traverse de Thomery; cet emprunt est remboursable au moyen d'annuités de chacune 228 fr. 64, payables chaque année au 15 décembre pendant 9 ans.

SERVICE VICINAL

Deux cantonniers et une commission des chemins, — un chef cantonnier, — un conducteur voyer cantonal, — ingénieur voyer à Fontainebleau, — ingénieur en chef à Melun.

POLICE, JUSTICE ET SERVICE MILITAIRE

Un garde champêtre, — une brigade de gendarmerie à Moret, avec une justice de paix, — un

tribunal de première instance à Fontainebleau,
— cours d'assises à Melun, — un tribunal de commerce à Montereau, — recrutement militaire et
subdivision de Fontainebleau, — 5° corps d'armée,
chef-lieu Orléans.

SAPEURS-POMPIERS

Subdivision de 25 hommes. — Cette subdivision dont les hommes sont unis entre eux par une
vive sympathie, pénétrés des sentiments de dignité et de discipline, s'est fait remarquer dans
plusieurs concours par la bonne tenue de son matériel et la rectitude de ses manœuvres. Beaucoup de médailles, palmes et couronnes ornant
le drapeau prouvent que les efforts des soldats
secondent le zèle et l'habileté de leurs chefs,
MM. Viret, sous-lieutenant, et Barbier, sergent.

Les deux pompes ont été achetées : l'une par
M. le comte Charles Greffulhe, l'autre au moyen
de souscriptions particulières.

Un terrain communal situé au lieu dit les Cailloux et *Brûlis* (dénomination qui convient bien
à la circonstance), sur lequel est construit un
échafaudage à trois étages, est consacré aux
exercices, manœuvres et évolutions de nos sa-

peurs-pompiers. — Le magasin a été construit
non loin de là, en 1891, par Dubois, entrepreneur,
sous la direction de M. Jacob, architecte du gouvernement.

POSTES ET TÉLÉGRAPHES

Receveuse : Mme Joigny; — aide : Mlle B. Char-
rier; — facteur local : Graveteau; — facteur ru-
ral : Coffinet; — porteuse des télégrammes :
Mme Graveteau; — courrier de la gare de Thomery au bureau : Buisson, entrepreneur du service d'omnibus.

CONTRIBUTIONS INDIRECTES, RÉGIE

Recette buraliste et bureau de tabac : M. Poisson, titulaire; — débit de tabac à By : M. Caillat,
gérant; — deux commis à Morel; — receveur
entreposeur à Fontainebleau.

NOTARIAT, ENREGISTREMENT, HYPOTHÈQUES

Étude à Thomery : Me Coiffeteau, notaire. — Les
plus anciens actes de cette étude remontent à
l'an 1618.

Les notaires depuis la Révolution sont :

MM. Dechambre père, 1788, — Dechambre fils, 1826, — Dubuquoy, 1832, — Benoist, 1833, — Legras, 1837, — Lheureux, 1839, — Moreau, 1843, — Dumont, 1857, — Renard, 1859, — Gontier, 1865, — Lefèvre 1873, — Coiffeteau, depuis 1881.

Bureau d'enregistrement à Moret, — et conservateur des hypothèques à Fontainebleau.

LISTES ÉLECTORALES

La liste électorale de 1891 comprend 366 électeurs qui peuvent être appelés à élire 5 députés pour le département de Seine-et-Marne, 1 conseiller général et 1 conseiller d'arrondissement pour le canton de Moret, et 12 conseillers municipaux.

La liste électorale des patentés appelés à prendre part aux élections du tribunal de commerce de Montereau, comprend 24 électeurs.

BUREAU DE BIENFAISANCE

L'exercice public de l'assistance à Thomery date de très loin ; il existait déjà en 1791, c'est-à-dire avant la loi du 7 frimaire an V de la République, qui institua les bureaux de bienfaisance.

Mme Leleu, propriétaire du château de By, peut

être considérée comme la fondatrice du bureau de Thomery. En 1791, elle créa une rente annuelle de 150 livres au profit des pauvres de la commune. Le capital de cette rente fut remboursé en 1812 par les héritiers. Depuis cette époque, diverses donations sont venues s'ajouter à celle de Mme Leleu et ont permis d'acheter des rentes sur l'État. M. le général de Ségur a fait don au bureau de bienfaisance, en 1856, de dix actions du Chemin de fer de l'Est. — Le dernier legs date du 10 mars 1873; il consiste en une somme de 1,000 francs, dont l'emploi en rentes sur l'État est stipulé au testament de M. l'abbé Petitot, natif de Thomery, décédé aumônier de la maison centrale de Melun.

Le conseil d'administration dudit bureau est composé de MM. Gautier, maire président; — Durand Armand, — Chagot, — Rigault, Appolinaire, — abbé Dépaux, — Mézière, — Duval, Edme.

A côté des secours délivrés par le bureau de bienfaisance, les indigents de la localité, les vieillards pauvres et infirmes ont aussi une large part dans les œuvres de charité que Mme la comtesse Greffulhe sait si bien exercer : loyers, chauffage, vêtements, pain, viande, sont répartis avec autant de générosité que de délicatesse.

SOCIÉTÉ DE SECOURS MUTUELS

L'idée d'assistance mutuelle, qui se lie à l'idée même de la société, date des temps les plus anciens. Toute agglomération d'hommes en familles ou en tribus n'était qu'une mutualité où chacun mettait du sien au profit de tous. De tout temps, les hommes ont eu ce sentiment intérieur qu'ils doivent s'aider les uns les autres, et le besoin a toujours été une des portes ouvertes à la charité pour entrer dans les mœurs. Les premières institutions de secours mutuels sont liées aux anciennes corporations d'arts et métiers; elles remontent au xie et au xiie siècles. Mais, à cette époque, elles avaient moins le caractère d'assistance que celui de protection du travail dans certaines circonstances. Aujourd'hui, c'est l'idée réelle de secours et de prévoyance qui fait l'objet essentiel de ces sociétés.

La société de Saint-Vincent de Thomery a été fondée en 1868; ses statuts ont été approuvés par décret impérial du 22 mai 1868 et revisés récemment. Elle se compose de membres honoraires et d'associés participants; ces derniers seuls ont droit aux secours stipulés par les statuts. Les membres honoraires sont ceux qui, par leurs soins, leurs conseils et plus encore, par leurs souscriptions, contribuent à la prospérité de la société avec un entier désintéressement.

En 1868, la société a commencé avec 720 fr. 30; elle comptait alors comme fondateurs 147 membres, dont 44 honoraires et 103 participants. Ont été nommés : MM. Rose Charmeux, président; — Andry Hector, vice-président; — Cardon Achille, trésorier; — Valleaux Lucien, secrétaire.

. En 1889, elle comptait 59 membres honoraires et 107 membres participants, hommes et femmes.

Les fonds et titres de cette société représentent une valeur de 14,000 fr. environ. Ces chiffres et la promesse de petites pensions de retraites sont la preuve qu'ici l'on comprend que cette institution est conforme aux vrais intérêts.

Le conseil d'administration de la société de secours mutuels de Thomery est ainsi composé :

MM. Rose Charmeux, président.
Durand Armand, vice-président.

MM. Valleaux Lucien, secrétaire.

Duval Léon, trésorier.

et quatre membres adjoints.

La bannière de cette société a été offerte par le baron de Bauverger, alors député.

ADMINISTRATION FORESTIÈRE

Limites, chasse, droits, tolérances.

Inspection de Fontainebleau ; — garde forestier au poste de Chantoiseau, de la brigade de Veneux-Nadon.

Nous avons déjà parlé du bouquet de Chantoiseau et de l'intérêt tout particulier que les habitants du village ont à la conservation de cette futaie malheureusement très endommagée par la gelée et le verglas de 1879.

Pour garantir leurs concessions de dégâts occasionnés par le grand gibier de la forêt, les habitants de Thomery durent construire à leurs frais des murs à la limite. Ces murs, dont quelques-uns sont encore debout, par suite d'une convention de 1664, furent compris en entier dans le sol forestier. En d'autres endroits, des bornes furent plantées également aux frais des riverains. A ce sujet, le propriétaire du château de la Rivière éleva des prétentions sur un taillis traversé par le chemin de Saint-Aubin, mais on passa outre à sa réclamation.

Un édit de mars 1549 comprenait Thomery dans la capitainerie de Fontainebleau.

Les droits ou tolérances accordés à Thomery remontent à des dates très éloignées. Un édit de 1372 donnait au fief de Saint-Denys-de-la-Chartre les droits de panage et d'usage.

Le droit de panage était celui de nourrir les porcs dans la forêt. Les droits d'usage consistaient dans le ramassage du bois sec et dans le parcours des bestiaux. Ces droits avaient été confirmés par une sentence de réformation du 15 janvier 1528, par des lettres patentes de Henri IV en 1595, par d'autres lettres de Louis XIV en 1647 et par la sentence de réformation de 1664, rendue sur la proposition de M. Barrillon, grand-maître des forêts.

D'après arrêt du conseil d'État du 30 juillet 1665, 159 chefs de familles de Thomery et de ses hameaux étaient admis aux usages et pouvaient, en outre du bois mort, envoyer dans la forêt chacun quatre porcs et trois vaches; mais pour ces droits de pâturage et de panage, ils devaient payer au domaine de Melun douze deniers parisis payables le jour de la Purification de Notre-Dame.

La redevance a été payée jusqu'en 1726, époque à laquelle elle a été supprimée par le conseil d'État. Ce dernier arrêt a été confirmé par des lettres patentes de décembre 1781 ; mais on cessa d'y conduire des porcs ; les usages seuls continuèrent à subsister.

Sous le premier Empire, les bestiaux furent soumis à la marque du fer chaud pour pouvoir paître dans la forêt. Depuis 1849, il en est ainsi chaque année et les animaux vont paître sous la conduite d'un pâtre désigné par l'autorité municipale.

En 1832, les habitants de Thomery, qui jusque là avaient obtenu gratuitement des délivrances de fougères, furent obligés de payer, ce qui eut lieu non sans difficultés. Aujourd'hui, ces permissions sont délivrées gratuitement. Il n'en est pas de même des feuilles mortes : chaque année le maire ouvre, dans les premiers jours de novembre, une liste sur laquelle viennent se faire inscrire les particuliers qui désirent obtenir des concessions de feuilles pour leurs cultures. Il est payé au domaine 50 centimes par voiture à un collier, et le ramassage n'a lieu que sur les routes.

De nos jours, les usages de faire paître les bestiaux et de faire du bois mort, ne peuvent s'exercer que pendant 10 mois de l'année; défense est faite de faire du bois mort et de mener paître les bestiaux de la mi-avril à la mi-juin.

Le poste de Chantoiseau remonte à 1764; le garde y demeurait dans une maison qu'avaient fait construire des fermiers de la fabrique de Notre-Dame de Moret. Cette maison existe encore; elle appartient à M. Charmeux fils, qui la loue en partie.

La forêt de Fontainebleau n'a jamais eu la mauvaise réputation que l'on donne communément aux bois de Valence, à la Forêt de Sénart. Notons cependant qu'en 1645, un nommé Jean Gauthier, de Thomery, chef d'une petite bande de voleurs et d'assassins, qui avait choisi la forêt pour le théâtre de ses exploits, fut condamné à subir la question, à faire amende honorable devant l'église de Fontainebleau, et finalement à être pendu. Ses complices furent envoyés aux galères.

Population.

Village, hameaux ou écarts. — Dénombrement de 1891.

	MAISONS.	MÉNAGES.	INDIVIDUS.
Thomery, chef-lieu . .	225	263	764
Château de la Rivière .	2	3	12
Chantoiseau.	4	5	16
By	103	111	338
Montforts	7	9	31
Roches Courteaux. . .	2	2	16
	343	393	1177

Le dénombrement de 1836 montre un chiffre de 876 habitants. Celui de 1891 donne 1,177. Ainsi en 55 ans, l'augmentation est de 301. — D'après les registres de l'état civil il y a, de 1836 à 1891 :

> 855 naissances.
>
> 340 mariages.
>
> 1,153 décès.

Ainsi on a : population de 1836 . . .	876 habitants.
Naissances de 1836 à 1891.	855
Total. . .	1731
Décès de 1836 à 1891	1153
Reste. . .	578 habitants.

Report. . . 578 habitants.

Augmentation provenant des maria-
ges, des familles et des personnes
du dehors qui sont venues se fixer
à Thomery. 599

Total de la population actuelle . . . 1177 habitants.

Médecins.

MM. Docteur Hubin, de la Faculté de Paris.
Docteur Gilles,   —

Légion d'honneur.

Mlle Rosa Bonheur, artiste peintre, chevalier.
MM.

Le lieutenant-colonel Michon,   —

Le commandant Quentin,   —

Le capitaine Charmeux,   —

Rose Charmeux, horticulteur-viticulteur, ancien maire, chevalier.

Gautier, membre de la commission de conservation des monuments historiques et contrôleur
des bâtiments civils, maire de Thomery, chevalier de la Légion d'honneur, et officier de l'Instruction publique.

Salomon, horticulteur-viticulteur, chevalier de la Légion d'honneur et décoré du Mérite agricole.

Commerce et industrie en dehors des raisins et fruits.

Boulangerie. Raffineau. Point.
Boucherie. Gérard.
Charcuterie. Genisson.
Pâtisserie. Gross.
Épicerie. Bellon, Savart, à Effondré.
   — Barbe, Raytre, Cottenceau, à Thomery.
   — Caillat, Chéron, à By.
Fruiterie et légumes. Delafoy.
Vins en gros. Crochot, à Thomery.
   — Gentilhomme, à By.
Hôtel-restaurant. (*La Bonne-Treille*) Langlade.
Cafés et cabarets. Bellon, Savart, Barbe, Langlade, Cantor, Caillat et Chéron.
Serrurerie. Taillanderie. Maréchalerie. Marin (sécateurs), Godeau, Martellet.
Maçonnerie. Découst, Dubois, à Thomery.
   — Auclair et Prieur, à By,
Charpente. Jomat père.
Menuiserie. Dinton et Savart, à Effondré.
   — Courteau, à Thomery.
   — Guignard, à By.
Peinture et vitrerie. Fransioli et Chanteux.

Modes et lingerie. Mmes Bellier, Pétrimol, Champenois et Dewolff, couturières. Mlle Mercier et Mme Barbara, lingères.

Chaussures. Pétrimol, Bezout, Découst, à Thomery.

— Preslier et Genin, à By.

Sellerie. Thomas, à Thomery.

Vannerie. Bourgeois, à Thomery.

— Bureau et Médard, à By.

Faïence et porcelaine. Bardet, à By.

Coiffure, parfumerie. Dubras, à Thomery.

Transports et charrois. Gougou, Nézondet.

Omnibus. Buisson (avec factage).

Argile à faïence. Timbert, Bourbon, Drouet.

Arbres à fruits ou d'agrément. Salomon, Charmeux fils, Bureau, Rigault (Jules).

Un marché d'approvisionnement se tient tous les mercredis sur la place publique, autour de l'église.

Murs d'espaliers, raisins et autres produits.

L'étendue des clos de vignes n'est que de 130 hectares environ. Les plus forts propriétaires ne possèdent guère plus d'un hectare de jardin. Mais on a élevé en hauteur ce qui manquait en surface plate; on a construit des murs en telle quantité et tellement rapprochés que si on les

couchaient par terre, ils couvriraient toute la superficie du terrain. Ces murs, placés bout à bout,
pourraient unir Melun à Dijon, 225 kilomètres !
Les contre-espaliers plantés entre les murs don-
neraient une longueur quatre fois plus grande.

Ces espaliers et contre-espaliers sont plantés
en chasselas et frankenthal. Les expositions nord,
nord-est et nord-ouest sont plantées en pommiers,
poiriers, cerisiers.

Nous avons dit précédemment que les plants
de chasselas de la treille de Fontainebleau avaient
été apportés de Cahors; mais cette importante
variété ne serait pas originaire de cet endroit. Il
existe, en effet, à quelques lieues de Mâcon, dans
une vallée étroite, resserrée entre deux coteaux
parallèles qui sont des rameaux des monts du
Mâconnais, un petit village du nom de Chasselas.
On y cultive sous le nom de *mornant,* en treilles,
dans les jardins et contre les façades des habitations, la vigne que nous appelons chasselas, et
qui croît à l'état sauvage, s'entrelaçant dans les
bruyères, broussailles et châtaigneraies au faîte
des coteaux qui dominent le village de Chasselas
et les environs.

Le frankenthal, ainsi appelé parce qu'il est,

dit-on, originaire de Frankenthal, bourg de la
Prusse rhénane, paraît avoir été apporté en
France, à la suite de la campagne de 1794, par
des soldats de l'armée de Sambre-et-Meuse, com-
mandée par Jourdan. Cette variété, qui parut
pour la première fois à Thomery chez des amateurs vers 1839 ou 1840, est cultivée en grand
depuis 1850. Beaucoup de personnes attribuant
le nom de ce raisin à la grosseur des grappes,
l'appellent « franc quintal »; quelques-uns disent
même, parlant de ces fruits superbes, des « quin-
taux. » C'est une erreur qu'il convenait de
rectifier.

Les quantités suivantes de raisins et autres
fruits sont expédiées, année moyenne, de la gare
de Thomery à destination des Halles centrales :

Raisins	836.400 kilogr.
Pommes.	4.450
Poires.	4.250
Cerises	50.950
Prunes	17.000
Pêches	800
Champignons	4.700
Total. . .	918.550 kilogr.

Produit de la vente.

Raisins.	836,400 kilogr.	à 1 fr. 50 en moy[e].		1.254.600
Pommes.	4,450 —	à 0 fr. 40	—	1.780
Poires.	4,250 —	à 0 fr. 40	—	1.690
Cerises.	50,950 —	à 0 fr. 40	—	20.380
Prunes.	17,000 —	à 0 fr. 15	—	2.550
Pêches.	800 —	à 3 fr. 50	—	2.800
Champignons,	4,700 kil.	à 0 fr. 80	—	3.760

Total. . . 1.287.560

On peut ajouter à cette somme le produit de
la vente du raisin expédié en province ou
à l'étranger, 10,000 kilogr. à 4 fr. 50 . . .   45.000
Légumes, primeurs, etc., pommes de terre,
noix et fruits vendus dans les marchés. .   16.000

Produit total de la vente. . . 1.348.560

Transport et frais.

Transport à Paris, 918,550 k. à 27 f. les 1000 k.   24.800 85
Octroi   —   à 57 f. 60 les 1000 k.   52.907 48
Commission, pourboires, manutention, lo-
cation de colis, correspondances, 7 p. 100
du prix de vente 94.399 20
Main-d'œuvre . . . .   300.000 »
Engrais . . . .   100.000 »
Travaux divers, murs, matériel, etc. . . .   220.000 »
Contributions . . . .   40.000 »

Total. . . 832.107 53

Le produit de la vente étant de. . . .   1.348.560   »
Les frais généraux étant de. 832.107 53

        Le produit net est de. . .   516.452 47

La société musicale de Thomery.

Cette société musicale a été fondée, en 1867,
par MM.

Rose Charmeux, qui en fut le président.

Valleaux, Lucien, chef.

Barrillier, Lucien, sous-chef.

Drézé, professeur.

Bouilliard, Anatole, secrétaire.

Meunier, Albert, trésorier.

A M. Valleaux, ont succédé comme chefs :

    MM.

Raguey, ex-musicien aux guides de la garde.

Pruneau, Édouard, ex-musicien de l'artillerie de
marine.

Chenu, Jules, ex-musicien de l'artillerie, à
Orléans.

Le sous-chef actuel est M. Duval, Léon.

Le secrétaire, M. Pruneau, Edmond.

Le trésorier, M. Leclerc, Constant.

Elle comprend aujourd'hui 35 exécutants auxquels se joignent des membres honoraires.

La splendide bannière de la fanfare de Thomery, offerte à cette société par M. le comte d'Armaillé, son ancien président d'honneur, est couverte de médailles, palmes et couronnes, témoignages des succès remportés dans les concours.

De nos jours, plus que jamais, nos jeunes gens, tour à tour moniteurs ou émules, se font remarquer par une assiduité, une persévérance digne d'éloges.

Ajoutons qu'il y a avantage à continuer au sein de cette belle société le ménagement des susceptibilités individuelles, la bonne harmonie nécessaire au bien commun, en prenant pour base des sentiments de justice, de fraternité et de bienveillance réciproques.

Les anciennes familles de Thomery.

Nous donnons ici les noms des plus anciennes familles dont il reste encore des descendants, ainsi que les dates auxquelles ces noms apparais-

sent pour la première fois dans des actes authen-
tiques ou dans les registres paroissiaux.

ANDRY. Denise Andry, née le 5 juin 1644, fille de
Jacques Andry et de Étiennette Benoist.

BENOIST. Baptiste-Louis Benoist, né le 12 mars
1644, de Antoine Benoist et de Catherine
Leclerc.

BERTHIER. Anthoine Berthier, né le 30 septembre 1657, fils de Anthoine Berthier et de
Catherine Chéron.

BEZOU. Anne Bezou, née le 19 juin 1644, fille de
Jehan Bezou et de Anne Rocher.

BOBÉE. Transaction du 18 février 1618, entre
Edme Bobée, Claude Rocher et Charles
Deschamps. — Claude Bobée, né le 19 avril
1644, fils de Jehan Bobée et de Marie
Michin.

CARDON. Constitution de rente de Pierre Cardon
à Jehanne Morynot, du 5 février 1618. —
Claude Cardon, né le 18 mars 1645, fils de
Jehan Cardon et de Simone Leclerc.

CHAMAILLARD. Charles Chamaillard, né le 13 octobre 1648, fils de Guillaume Chamaillard
et de Jehanne Gogot.

CHARMEUX. Jacques Charmeux, né le 28 mars
    1645, fils de Pierre Charmeux et de Reine
    Bobée.

CHESNOY. Marie Chesnoy, née le 15 mars 1645,
    fille de Jacques Chesnoy et de Jehanne
    Michin.

DUCHESNE. Anthoine Duchesne, né le 14 août 1645,
    fils de Jehan Duchesne et de Philippa André.

DURAND. Constitution de rente par Charles Du-
    rand à Jehan Cardon, du 18 janvier 1628.
    — Louise Durand, fille de Charles Durand
    et de Jehanne Songeux, née le 12 juil-
    let 1658.

DUVAL. Décès de François Duval, époux de Anne
    Prou, 17 mai 1705.

FLEURENT. René Fleurent, né le 12 août 1645, fils
    de René Fleurent et de Michelle Michin.

FOURNEREAU. Madeleine Fournereau, née le 6 sep-
    tembre 1645, fille de Jehan Fournereau et
    de Madeleine Songeux.

LANDRY. Nicolas Landry, né le 24 janvier 1678,
    fils de Nicolas Landry et de Philippa Véron.

LARPENTEUR. Anne Larpenteur, née le 8 juil-
    let 1645, fille de Denys Larpenteur et de
    Nicolle Bobée.

LECLERC. Étienne Leclerc, né le 1ᵉʳ août 1649, fils de Renaud Leclerc et de Denize Leclerc.

MICHIN. Marguerite Michin, née le 15 juin 1645, fille de Louys Michin et de Marguerite Durand.

MINET. Guillaume Minet, né le 2 octobre 1678, fils de Guillaume Minet et de Geneviève.

PROU. Marie Prou, née le 25 mars 1645, fille de Jehan Prou et de Jehanne Roze.

PRUNEAU. Claude Pruneau, fils Jehan Pruneau et de Marie Prou, né le 25 janvier 1684.

RIGAULT. Échange entre Jehan Rigault et Louys Andry, 16 février 1634.

ROZE. Partage du 27 septembre 1618, entre Claude Roze, Jehan Morynot, Claude Rocher, Marie Michin, Nicolas Michin, Guillaume Bobée.

SOUILLIARD. Louise Souilliard, née le 25 juin 1679, fille de Thomas Souilliard et de Catherine Gougé.

VALLEAUX. Françoise Valleaux, née le 15 juillet 1677, fille de Pierre Valleaux et de Françoise Voinu.

NOTES, REMARQUES ET ACTES DIVERS

1662. — Mariage de Botot a Grangi. — «Le onziesme jour de juillet 1662, par paroles du présent, en la présence de moy Pingard, curé de Thomery soubsigné et aultres témoings aussi soubsignés, apprès la publication faicte des bans, a esté ratiffié le mariage cy devant consommé par Mathurin Bottot et Jeanne Grangi, fille de Estienne Grangi et Estiennette Bellami, — au présent mariage furent présents Jehan Dantan, Jean Réau du costé du mary, et Simon Rocher, Jean Michin du costé de la femme. »

Il est à supposer que les parties contractantes s'en étaient tenues aux *accordailles* solennelles qui autrefois avaient lieu par écrit et étaient bénites par un prêtre avant la cérémonie des *épousailles,* et qu'il s'agit ici d'un mariage *in extremis* pour régulariser la position illégitime et assurer l'avenir des enfants.

Le nom de Grangi a été donné à un de nos chemins.

1702. — La Croix Blanche. — L'an mil sept cens deux, le dimanche premier janvier, la croix de pierre qui est au bout de Thomery sur le chemin de By, donnée autrefois par Claude Véron notaire et ayant esté cassée, a esté rétablie tout à neuf excepté les anciens degrés, par Claude Bobée habitant dudit Thomery et bénie avec permission de Messire Hardouin Fortin de la Hoguette archevêque de Sens, par moy curé dudit Thomery, soussigné lesdits jour et an que dessus.

Même année. — Travaux a l'église. — Au mois d'octobre j'ai fait descendre le coq et le redorer et réparer les endroits où il manquait de l'ardoise et repiquer l'église, blanchir la nef et l'aile droite.

(*Registres paroissiaux.*)   Signé : Véron.

1727. — Le 14 novembre, Louis XV vint au château de la Rivière. (*E. Thoison, Séjour des Rois de France en Gâtinais.*) — Il était accompagné du duc Adrien Maurice de Noailles, président du conseil des Finances, dont le comte de Toulouse avait épousé la sœur, Marie Victoire Sophie de Noailles, veuve de Louis de Pardaillan de Gondrin.

1732. — Les 22 et 23, 25, 28 septembre, Louis XV séjourna au château de la Rivière. Peu de temps avant, il avait été le parrain et la reine la marraine du duc de Penthièvre, fils du comte de Toulouse.

(*D'après Fortaire, précepteur du duc de Penthièvre.*)

Même année. — Beaucoup d'habitants souffrirent de la fabrication du salpêtre.   (*Registres paroissiaux.*)

Les agents chargés de cette fabrication avaient le droit de pénétrer partout. Il fallait les loger, leur fournir à vil prix les voitures et le bois dont ils avaient besoin. Exploitant la terreur qu'ils inspiraient, ils vendaient au plus offrant la dispense de laisser fouiller sa maison.   (D'ARGENSON.)

1732. 29 septembre. — « Mariage au camp de Thomery entre Pierre Serrier Saint-Coré, sergent au régiment du roy et Marie Lamoureux, fille d'Antoine Lamoureux caporal, avec la permission du marquis de Pezé, colonel, et du comte de Guébriant, capitaine. »

Le camp dont il est parlé, était un petit camp de parade ou d'instruction, établi pendant le séjour de la cour. Il était situé sur la lisière de la forêt : Sept-Arpents, Buttes, Essarts, terrains alors incultes, lequel, selon la configuration du terrain, se trouvait entouré de limites naturelles. La supposition que nous faisons d'un camp d'une certaine durée à Thomery, nous paraît d'autant plus vraisemblable, que, dans les mêmes temps, nous trouvons sur d'autres actes les signatures de Marsay de Guébriant, Marsay de l'Isle, également officiers de Louis XV.

1736. Le 18 août. — « Mariage en l'église de Thomery entre Charles La Ville, sieur de Richemont, écuyer, conseiller du Roy et contrôleur des Guerres et Sybille Éléonore Prusserot, avec dispense du troisième degré de consanguinité et d'affinité, accordée par le Pape et fulminée par l'official de Sens, et en présence de Messire Louis Gaudon, chanoine de Rouen, prieur de Saint-Germain, Beauvoir, Chanteloup, bénéficier de Notre-Dame de Paris, demeurant en la communauté de Saint-François-de-Sales, et de Étienne Guignard, maître des petites-écoles. »

Mêmes jour et an. — « Reconnaissance et légitimation par les sus dits de leurs enfants nés avant le mariage :

1° Marie Anne de Richemont, née 3 juillet 1714.

2° Marie Françoise de Richemont, née le 29 août 1717.

3° Jean Baptiste Charles de Richemont, né le 23 février 1722. »

(Registres paroissiaux.)

Cette famille, qui a résidé au château de Thomery du temps de Claude Guyard, avocat au Parlement, descend d'Arthur de Bretagne, comte de Richemont (1393), connétable de France sous Charles VII.

1741. — Sépulture de Claude Guyard. — « Le dix huit octobre 1741, a été inhumé dans l'église de Thomery, par moy prêtre, directeur des Dames religieuses de Moret, soussigné, en présence de Monsieur Poulet curé de Thomery, et de son consentement, Maistre Claude Guyard, âgé de cinquante-sept ans, avocat au Parlement de Paris, et en présence de MM. les curés de Champagne et de La Celle, de M. Forest, desservant d'Avon, de M. Taffin, vicaire à Moret, qui ont signé le présent acte avec nous et avec le sieur Jean Baptiste Guyard, frère du défunt. »

Signé : Poulet, — Forest, — Taffin, —
Le Tellier, curé de Champagne,
Bernard, curé de La Celle.

(*Registres paroissiaux.*)

1744. — La chaire a prêcher. — « J'ai fait faire la nouvelle chaire qui existe dans l'église de cette paroisse, Étienne Ferré et Amand Bobée étant marguilliers, — elle a coûté en principal deux cent quarante livres, pour toute la sculpture, soixante-et-cinq livres, — le Saint-Esprit m'a coûté seul vingt-huit livres, — sept livres dix sols pour le vernis, il en a fallu deux pintes et demy à trois livres la pinte, — quarante sols pour l'application du vernis, — treize livres dix sols pour maroquin rouge du levant, — une livre treize sols pour trois cents cloux dorés, — huit livres pour du galon, le tout à trois cent cinquante-sept livres seize sols. »

Signé : Poulet, natif de Pont-sur-Yonne.
(*Registre paroissiaux.*)

1747. — « Nombre de communiants de la paroisse de Thomery, By, Les Montsforts, Chantoiseau, Effonderay, La Rivière, Les Pressoirs du Roy, à Pâques, cinq cent quatre-vingt-dix-sept. »

1754. — « Le huit du mois de novembre, Monseigneur Paul d'Albert de Luynes, archevêque de Sens, a donné la confirmation à Moret à quatre-vingt-dix personnes de ma paroisse. » Signé : Poulet.

1756. — Décès de M. de Poilvillain et transport de son corps a Paris. — « Le 31 mai 1756, est décédé au château de la Rivière, appartenant à Son Altesse Sérénissime Monseigneur le Duc de Penthièvre, prince du sang et amiral de France, Haut et puissant Seigneur Charles Félix de Poilvillain, chevalier de Crenay, commandeur et grand'croix de l'Ordre royal et militaire de Saint-Louis et vice-amiral de France, âgé d'environ 64 ans, en présence de Nicolas Janin, chirurgien général de la marine, de Monseigneur l'évêque d'Appollonie et d'autres personnes et serviteurs. »

Le même jour le corps du feu seigneur a été transporté à Paris par M. Poulet, curé de la paroisse de Thomery, à l'hôtel de Toulouse, appartenant au duc de Penthièvre, pour être inhumé ensuite dans l'église des révérends Pères Augustins, près la place des Victoires.

(Registres paroissiaux.)

MM. de Poilvillain de Crenay et de Saint-Péret, maréchal au camp, avaient été chargés d'initier le duc Penthièvre au métier des armes. M. de Crenay fut blessé à la bataille de Fontenoy, en combattant aux côtés du duc de Penthièvre.

1766. — Mariage entre Bretonné dit prévost, de Champagne, et Françoise Meunier. — « Le 26 août 1766, ont contracté mariage Étienne Bretonné dit Prévost, fils de feu Étienne Bretonné, dit Prévost, et de Madeleine Marguerite Hüe, d'une part, — et Françoise Meunier, fille de Pierre Meunier, jardinier des Pressoirs du Roy et de Louise Bunet, d'autre part, — en présence de très haute et très puissante dame Marie Marguerite Madeleine Adélaïde de Castellane, marquise du Luc, épouse de très haut et très puissant seigneur Charles Emmanuel Marie Magdelon de Vintimille, des comtes de Marseille, marquis du Luc, colonel, propriétaire du régiment royal corse, de très haute et très puissante demoiselle Marie Thérèse Joseph Dorothée de Castellane, Laurent Meunier, jardinier à Clignancourt, Pierre Meunier, frère du jardinier chez M. le marquis de Paroy près Donnemarie, Nicolas et Vincent Meunier, demeurant aux Pressoirs du Roy, de François Meunier, laquais de Mlle de Castellane, et de Louis Meunier, domestique de M. Delondre au Café de Foix, rue de Richelieu, tous six frères de l'épouse, — et du côté de l'époux de François Lemerle, de Pierre Bretonné, d'Antoine Lahaye, d'Étienne Bardé, de la paroisse de Champagne. »

(Registres paroissiaux.)

Prévost, prévôt, préposé. Un des ancêtres de Bretonné avait sans doute été officier de police militaire, soit seigneurial et peut-être même royal.

Des recherches et des démarches sont faites de nos jours par la famille Meunier, de Thomery, au sujet d'une succession collatérale vacante, évaluée à plusieurs millions, et qui proviendrait d'un descendant d'un des frères Meunier, désignés dans l'acte ci-dessus. Nous leur souhaitons qu'après avoir fait tout leur possible et pourvu aux frais, afin que cette succession ne tombe pas en déshérence, ils ne se trouvent pas collatéraux au delà du douzième degré, car alors (article 755 du code civil) la désillusion serait trop cruelle.

1766. — Louis XV se rendit au château des Pressoirs du Roy, pour assister à une représentation de *Rodogune*, tragédie de Corneille, dans laquelle les principaux rôles étaient joués par les demoiselles de Castellane et le jeune prince de Lamballe, fils du duc de Penthièvre. Les demoiselles de Castellane avaient un goût très vif pour l'art dramatique ; elles furent formées dans cet art par Mlle Clairon, de la Comédie-Française.

(*D'après Honoré Bonhomme, Vie du duc de Penthièvre.*)

1769. — Le neuf octobre a été baptisée, en l'église de Thomery, Constantine Fortunée Ghislaine, née du jour précédent, du légitime mariage de très haut et très puissant seigneur Adrien Philippe Joseph Ghislain, prince de Berghes Saint Winoch, capitaine au régiment de Baufremont, dragons, et de très haute et très puissante dame Marie Thérèse Joseph Dorothée de Castellane, son épouse. — Le parrain a été très puissant seigneur Gaspard Boniface de Castellane, maistre de camp, chevalier de Saint-Louis, et la marraine très haute et très puissante dame Marie Françoise de Carvin de Cillers, vicomtesse douairière de Berghes Saint Winoch. (*Registres paroissiaux.*)

Berghes Saint-Winoch est une petite ville du Nord qui doit son nom à une montagne au pied de laquelle elle est située (berg). L'abbaye de Saint-Winoch date du x° siècle.

1773. — Le 28 octobre, a été par moy, prêtre vicaire, soussigné, inhumé dans l'église de cette paroisse le corps de très haut et très puissant seigneur Adrien Philippe Joseph Ghislain, prince de Berghes Saint Winoch, colonel du régiment de Beaujolais, infanterie, décédé du jour en la maison des Pressoirs du Roy, dépendant de cette paroisse, âgé d'environ trente-un ans, en présence Messire Henry Hypolitte De Lausière, marquis de Thémines, chevalier, colonel du régiment de la Rochette, et de Jacques Thomas Lhéritier de Brutelle, écuyer, et de Bon Christophe Nicolas Varin licencié-ès-loix qui ont signé avec nous.

Signé : Lausière Thémines. — Lhéritier de Brutelle, — Bon Varin, — Corpechot, vicaire.
(*Registres paroissiaux.*)

Nous avons déjà dit que le prince de Berghes a été tué dans un duel qu'il avait eu avec M. de Château-Brun, alors nouveau propriétaire du château de la Rivière, à propos d'une question de préséance dans l'église de Thomery. On a voulu cacher la cause véritable de cette mort en l'attribuant à un cas de petite vérole ; mais des vieillards nous affirment que c'est bien la première version qu'ils ont toujours entendue de la bouche de leurs parents. M. de Château-Brun, d'un caractère irascible, paraît-il, n'était guère aimé des habitants du village. On nous raconte même que les chantres de l'église de Thomery, après une procession, se rafraîchissant dans une guinguette, chantaient sur un rythme de plain-chant :

> « Château-Brun ! Château-Brun !
> Le jour où l'on t'enterrera
> Nous te chanterons un *libera*
> Le verre, le verre à la main ! »

1774. — Le 28 mars, a été baptisé Guillaume François Anne, né du même jour, du légitime mariage de haut et puissant seigneur Pierre de Forges, marquis de Château-Brun et de haute et puissante dame Gabrielle Henriette de la Marche. Le parrain a été haut et puissant seigneur Léon François de Barbançois, marquis de Barbançois, Villegongis, seigneur de Courcelles-le-Roy, et la marraine, haute et puissante dame Anne Thérèse Estelle d'Aubigny, veuve du baron de Crestot, ancien écuyer du roy. (*Registres paroissiaux.*)

Par procuration passée devant Monot et Magnant, notaires conseillers du Roy, au Châtelet de Paris, le parrain et la marraine ci-dessus désignés avaient chargé de tenir l'enfant sur les fonts baptismaux en leur nom, Jean Bruxeau, domestique, et Marie-Catherine Laudoyque, femme de chambre, du château de la Rivière.

1779. — Le 12 mars, inhumation de Gabrielle Henriette de Forges de Château-Brun, âgée de 14 ans.

1780. — Le 21 avril, inhumation de Gabrielle Henriette de la Marche, marquise de Château-Brun, âgée de 45 ans.   (*Mêmes registres.*)

L'inhumation de ces deux personnes a eu lieu dans l'église de Thomery.

Gabrielle-Henriette de la Marche était alliée aux Bourbons, à un degré très éloigné, comme descendante, par Jacques, comte de la Marche, tué en combattant les *Grandes Compagnies* en 1361, de Robert de Clermont, sixième fils de saint Louis, tige des Bourbons.

1784. — Les cloches de Thomery. — Le dix octobre, ont été bénites les trois cloches de la paroisse de Thomery et nommées, la première Désirée Marie par très haut et très puissant seigneur Marie Désiré

Ghislain, prince de Berghes Saint-Winoch, seigneur
d'Ollain et mestre de camp, commandant du régiment
de Berry, infanterie, et par très haute et très puissante
dame Madame Marie Thérèse Joseph de Castellane,
veuve de très haut et très puissant seigneur prince
de Berghes Saint-Winoch, vicomte d'Arleux et Com-
brésis, colonel du régiment de Baujolais,—la deuxième
a été nommée Jeanne Sophie par Messire Jean Louis
Marrier, écuyer, ancien conseiller du roy, lieutenant
en la maîtrise particulière des eaux et forêts de Fontainebleau, et par dame Sophie Dubois, épouse de
Messire Jacques Marie Marrier de la Gastinerie, ingénieur-constructeur des vaisseaux du roy, — la troisième a été nommée Louise Marie par Messire Louis
François Thouron Demoranzel, écuyer, seigneur d'An-
gueville, Tignonville et autres, et par dame Marie Anne
Robuste son épouse, qui ont été tous les deux suppléés,
le parrain par Messire Jean Louis Germain Marrier,
écuyer, et la marraine par demoiselle Henriette Sophie
Dufresne. Lesquels ont tous signé avec nous.

(Registres paroissiaux.)

Suivent les signatures.

L'une de ces cloches ayant été cassée, elles
furent remplacées toutes trois par une seule,
celle d'aujourd'hui, fondue par Morlet, qui porte
l'inscription suivante :

L'AN 1821, POUR LE NOM ET AU NOM DE LA TRÈS SAINTE TRINITÉ, JE REÇUS DE Mr P. DANGELIN, CURÉ-DESSERVANT A THOMERY, LA BÉNÉDICTION DE L'ÉGLISE SOUS LES NOMS DE JOSÉPHINE FRANÇOISE, DONNÉS SOLENNELLEMENT PAR Mr FRANÇOIS BOURSIER, MAIRE DE THOMERY, ET PAR DAME JOSÉPHINE DE LASTEYRIE DU SAILLANT, ÉPOUSE DE M. SIREY, AVOCAT AU CONSEIL DE SA MAJESTÉ LOUIS XVIII, EN PRÉSENCE DE MM. L. H. ANDRY, ADJOINT AU MAIRE, DES MARGUILLIERS ET DE TOUS LES HABITANTS. VIVE LE ROI!

1789. — Le 8 décembre, baptême de Marie Sophie Augustine, née le 22 novembre même année, fille de Mr Jean Baptiste Étienne de Narp, écuyer, chevalier de l'Ordre royal et militaire de Saint-Louis, et de dame Marie Françoise Laurence de Fontenelle, demeurant au château de la Rivière. Le parrain a été M. Augustin de Narp et la marraine demoiselle Marie Angélique de Narp.

Nous avons dit que Necker et sa fille, Mme de Staël, furent les hôtes du château de la Rivière. M. de Narp a dû recevoir deux fois cette famille : la première, lorsque Necker, quoique fort populaire, mais détesté par la cour, fut par suite des intrigues de celle-ci, renvoyé par le débonnaire Louis XVI, le 11 juillet 1789. On sait que ce départ fut le signal de l'insurrection et qu'alors la Bastille fut prise trois jours après. Necker ayant été rappelé, se vit encore dépassé et traité d'apostat dans les clubs; alors se voyant impuissant, il donna sa démission, vint une seconde fois à la Rivière en attendant son départ pour son château de Coppet, en Suisse, où il mourut en 1804 et où sa fille, Mme de Staël, resta exilée de 1808 à 1812 pour avoir, dans une publication intitulée *Allemagne,* pays alors, comme de nos jours, mal apprécié en France, fait de nombreuses allusions qui déplurent à la police de Napoléon Ier.

Une fille de Mme de Staël épousa Achille-Victor de Broglie, ministre de Louis-Philippe. Ils eurent pour fils le duc Albert de Broglie, membre de l'Académie française, président du conseil des ministres en 1873 et au 16 mai 1877.

M. le prince Victor de Broglie, fils du duc Albert de Broglie, est l'époux de Mlle Pauline d'Armaillé.

1804, 21 août. — CIMETIÈRE. — Le conseil municipal de la commune de Thomery, en conformité de la circulaire de M. le sous-préfet, en date du 20 thermidor dernier,

Vu l'article sept du décret impérial du 23 prairial dernier, relatif aux sépultures et aux lieux qui leur sont consacrés, ensemble les déclarations du 10 mars 1776 et arrêté du 7 germinal an IX,

Considérant que le cimetière de la commune de Thomery se trouve servir depuis un temps immémorial à l'inhumation des morts, que le mauvais air qu'il produit occasionne tous les étés des maladies épidémiques, et que sous ce rapport il est essentiel qu'il soit promptement supprimé et transféré ailleurs, arrête ce qui suit :

Aussitôt l'homologation du présent arrêté, le cimetière actuellement existant dans la commune de Thomery, sera supprimé, après que néanmoins le nouveau cimetière aura été disposé à recevoir les inhumations.

Le nouveau cimetière sera transféré hors du chef-lieu de cette commune à la même distance que celle portée au décret sus-daté. (*Registre des délibérations.*)

Par acte en date du 1er février 1809, passé devant Me Dechambre, notaire à Thomery, Joseph Roze, marchand de fruits, Géneviève Michin, vve Amand Michin, Louis Léonard Ménard, François Duval, Étienne Valleaux, pêcheur, et Marie Leclerc, sa femme, ont vendu à la commune de Thomery, au lieu dit Les Cailloux, vingt ares seize centiares (47 perches 8 dixièmes) de

terre, friche et mauvaise vigne, pour y établir le nouveau cimetière . . . .   20 a. 16 c.

Premier agrandissement. Par délibération du 12 septembre 1852, le conseil
municipal et les plus imposés ont reconnu
l'opportunité et la nécessité d'agrandir le
cimetière, et par acte passé de Me Moreau,
notaire à Thomery, le 18 juin 1853,
MM. Sébastien Rigault, Joseph César
Chagot, Joseph Desmurs, Stanislas Pom-
mier, Joseph Antoine Roze, Gabriel Pru-
dent Duval, Nicolas Alexandre Mercier
ont vendu à la commune, M. Charles
Cardon étant maire, la superficie de. . .   14 a. 83 c.

Deuxième agrandissement. Par délibération du 3 juin 1869, le conseil municipal
et les plus imposés, reconnaissant que
l'agrandissement du cimetière était nécessaire par suite du nombre croissant
des concessions à perpétuité, a décidé
d'acheter les parcelles de terrain d'une
contenance totale de 14 ares 26 centiares,
appartenant aux propriétaires suivants :
Gruyer Georges, Souilliard Charles v^{ve},
née Dupuis, Vigros Jean Baptiste, Roze
Louis Rose, Renault Sébastien, Cuissard

A reporter . . . .   34 a. 99 c.

Report . . . 34 a. 99 c.

Adonis, Huet Louis Michel, Andry Pierre
Louis, Benoist Louis Étienne Joseph.
Lesquels les vendirent à la commune,
M. Rose Charmeux étant maire, par acte
passé devant M⁰ Gontier, notaire à Tho-
mery, le 13 mars 1870, ci . . . . 14 a. 26 c.

Total de la superficie actuelle. . . 49 a. 25 c.

Dans une délibération du 29 mai 1890, M. le
capitaine Charmeux, membre du conseil municipal, a fait à ses collègues un rapport concluant à
la translation du cimetière. Ce rapport est ainsi
motivé :

« Le cimetière, par sa situation au centre de la
commune, et à moins de 100 mètres des habitations,
notamment des maisons d'écoles (garçons et filles),
constitue pour la santé publique un danger qu'il est
de notre devoir de signaler. Ce cimetière établi dans
un terrain excessivement perméable, reposant lui-
même sur une couche glaiseuse solide, on comprendra
facilement quel va et vient constant les crues de la
Seine exercent aux alentours, repoussant ou attirant
dans les puits les matières et les infiltrations les plus
nuisibles et les plus dangereuses. Le cimetière étant

un danger sérieux pour la santé publique est de plus un obstacle au développement du village, empêchant les constructions qui pourraient s'élever dans les emplacements circonvoisins, et le percement de chemins de ce côté. »

Il nous siérait mal de nous livrer à toute espèce de commentaire sur cette question qui touche de si près tant de familles de la localité; notre neutralité, en ce moment, s'explique naturellement; aussi, nous nous bornons à donner les notes ci-dessus à titre de simple constatation.

La place publique et le presbytère.

Depuis 1809, l'emplacement de l'ancien cimetière autour de l'église a été nivelé et planté de marronniers : telle fut l'origine de la place publique.

Le 26 février 1877, par acte passé devant M° Lefèvre, notaire à Thomery, le comte Charles Greffulhe, après avoir acheté les immeubles ci-après désignés, en fit don à la commune, à charge par celle-ci de démolir les maisons pour l'agrandissement de la place publique, savoir :

1° Une maison et dépendances à M. Étienne Désiré Paupardin, moyennant le prix principal de .   6.000

2° Une maison avec jardin à M. Sébastien Renault et Mme Élisabeth Roze, son épouse, prix 6.000

3° Une maison avec jardin appartenant indivisément à Mme Astasie Michin, épouse de M. Émile Gallard, employé de la mairie de Fontainebleau ; à Mme Juliette Michin, sa sœur, épouse de M. Eugène Dubouloy, à Thomery ; aux trois frères Ulysse Renault, Arthur Renault, Léon Renault, à Thomery ; à Mme Marie Panier, v^{ve} Senasson, de Saint-Mammès, prix 8.000

Total. . .   20.000

Le 27 septembre, même année, le conseil municipal décida que les grands murs entourant le presbytère fussent démolis et ce jardin réuni à la place publique, et d'allouer chaque année au desservant, à titre d'indemnité pour privation de jardin, une somme de 200 francs. — Cette délibération a été sanctionnée par M. le préfet de Seine-et-Marne, par arrêté du 4 février 1878.

Par suite de la démolition des immeubles abandonnés à la commune par M. le comte Greffulhe,

la limite de la place publique se trouve, de ce
côté, reculée sur les jardins de M. Salomon, lesquels appartenaient alors à M. Rose Charmeux;
et par suite de la réunion du jardin du presbytère,
la dite place est limitée par la grille actuelle entourant la cour de la maison commune.

Les marronniers furent arrachés et remplacés
par des tilleuls sous l'ombrage desquels des bancs
viennent d'être posés (1891).

En 1884, au mois de novembre, le presbytère
lui-même a été désaffecté. La maison est aujour-
d'hui louée à l'administration des postes et télé-
graphes qui paye annuellement 400 francs de
loyer à la commune. Une entente amiable avait
eu lieu préalablement avec M. le comte Greffulhe
qui a pourvu au logement du curé-desservant, en
faisant contruire le presbytère actuel dont sa famille reste propriétaire.

Par arrêté préfectoral du 13 octobre 1884, l'al-
location de 200 francs faite au desservant pour
privation de jardin, reste maintenue sous le titre
d'indemnité de loyer.

La maison « Bel-Air » et les Bains du Roy.

La propriété appelée du nom « Bel-Air » dans les actes privés est située à Effondré, côté gauche de la rue en partant de Thomery. Les dépendances comprennent : 1° un jardin fruitier et un petit parc situés derrière la maison et aboutissant sur le chemin des Cailloux ; 2° devant la maison, à droite de la rue, un potager qui s'étend jusqu'au chemin de la Prairie ; à l'angle de ce potager, sur la rue du côté d'Effondré, se trouve une petite maison dont le premier étage servit d'atelier d'artiste du temps de l'avant-dernier propriétaire ; 3° d'une partie de prairie entourée d'une haie vive et ombragée de beaux peupliers, laquelle aboutit sur la Seine en face le château des Pressoirs, à l'endroit appelé encore de nos jours les « Bains du Roy. »

C'est près de là, sans doute, sur les bords tranquilles du fleuve, qu'autrefois Henri IV ou les dames des Pressoirs savouraient les délices des bains de Seine dans de doux rêves ou avec de joyeux ébats.

La beauté du paysage, le calme de l'endroit, la pureté des eaux ont engagé J.-B. Rousseau à évoquer, par la cantate suivante, les souvenirs des Bains du Roy. C'est ce poète, étant alors l'hôte d'une famille de paysans, qui aurait donné le nom de « Bel-Air » à la maison que nous venons de désigner, laquelle à l'époque (fin du xvii⁰ siècle) était isolée au milieu du fief des Cailloux, appartenant à la cure de Thomery.

La cour venait alors souvent à Fontainebleau, et J.-B. Rousseau serait également venu ici chercher sa muse ou aiguiser sa verve satirique et parfois licencieuse contre des rivaux, Lamotte, Saurin, Crébillon, qui, comme lui, sollicitaient les faveurs des grands.

LES BAINS DE TOMERI.

CANTATE

Quel spectacle pompeux orne ce bord tranquille !
    Diane avec toute sa cour,
    Vient-elle y chercher un asile
    Contre les feux du dieu du jour ?
    Pour voir ces déités nouvelles,
Le soleil tient encore ses coursiers arrêtés ;
La nymphe qui préside à ses bords enchantés
    Épuise ses regards sur elles,
Et rassemble en ces mots ses compagnes fidèles
    Pour rendre hommage à leurs beautés.

Venez voir votre souveraine,
Nymphes, sortez de vos roseaux.
C'est Thétis qui vient sur la Seine
Goûter la douceur de mes eaux.

Coulez, coulez, eaux fugitives,
Et vous, oiseaux, quittez le bois ;
Chantez sur ces aimables rives,
Chantez l'honneur que je reçois.

Venez voir votre souveraine,
Nymphes, sortez de vos roseaux.
C'est Thétis qui vient sur la Seine
Goûter la fraîcheur de mes eaux.

Nouvelles déités qui flottez sur mes ondes,
Que d'attraits inconnus vous offrez à mes yeux !
Jamais, dans ces grottes profondes,
Amphitrite n'a vu rien de si précieux ;
Mais n'en rougissez pas : dans cette cour charmante
La déesse qui vous conduit
Brille comme au milieu des astres de la nuit ;
Du jeune Endymion on voit briller l'amante.
Quel cœur résisterait à des attraits si doux !
Naïades, approchez ; Tritons, éloignez-vous.

Vous qui rendez Flore immortelle,
Rassemblez-vous, tendres zéphyrs,
Une divinité plus belle
Est réservée à vos soupirs.

Venez sur mes humides plaines
Caresser ces jeunes beautés ;
Venez de vos douces haleines
Échauffer mes flots argentés.

J.-B. ROUSSEAU.

(Cantate XI).

Aux époux Étienne Larpenteur et Marie Fleurent, qui possédaient la dite maison en 1727, ont succédé dans la propriété du Bel-Air, savoir :

25 juillet 1728. — Bail à rente passé devant Prou, notaire à Thomery, Jean-Louis Deschamps et Marie Benoist, son épouse.

8 novembre, même année. — Transport du bail à Adonis Delaître et Geneviève Hattier, son épouse.

21 mars 1757. — Partage devant Me Bleau, notaire à Thomery, Louis Bobée et sa femme Geneviève Verger.

5 novembre 1892. — Acte sous seing privé, Michel-Théodore Genneau, citoyen de Paris *(sic)*.

22 pluviôse an V. — Par succession, André-Étienne Dechambre, notaire, époux de Marie-Élisabeth Genneau, fille du précédent.

Selon marché passé entre M. Dechambre et François Jourdain, entrepreneur à Avon, la mai-

son fut reconstruite et les dépendances agrandies.
Entre autres clauses existait celle de replacer
avec précaution un escalier qui datait de l'époque
à laquelle J.-B. Rousseau avait été reçu à
Bel-Air.

1826. — François-Louis-Prosper Dechambre,
fils du précédent, qui fut maire de Thomery, et
dont le fils Jean-Ernest Dechambre, avoué, époux
de dame Victoire Menanger de Chalus, est décédé
à Naples le 25 novembre 1887.

1861. — Pierre Pétroz, savant critique d'art,
décédé à Paris en 1890, fils du docteur Pétroz,
un des rédacteurs des *Annales de la médecine
homœopathique*.

Et enfin, depuis 1886, M. Edmond Pruneau.

LES ENVIRONS DE THOMERY

—

Avon. — Ce village se trouve situé entre Thomery et le mur d'enceinte du parc du château de Fontainebleau. En 1560, les habitants de la paroisse d'Avon furent représentés à la rédaction de la coutume de Melun. Jusqu'en 1624, époque à laquelle Louis XIII fonda l'église Saint-Louis, les habitants de Fontainebleau se rendaient à l'église d'Avon. Cet édifice date des viiie et xiiie siècles ; il renferme plusieurs tombes de personnages remarquables. En entrant à droite près du bénitier, on voit une pierre tumulaire portant cette inscription laconique : *Ci-gist Monaldeschi.* C'est sous cette pierre que sont renfermés les restes de ce grand écuyer assassiné par ordre de sa maîtresse, Christine, reine de Suède, en 1657, dans la galerie des Cerfs, au palais de Fontainebleau. Dans un autre endroit est la tombe d'Ambroise Dubois, peintre, qui travailla à ce château. Sous le porche sont celles de Daubenton, mort le

12 décembre 1785, à Saint-Aubin, sur le bord de la Seine, et d'Étienne Bezout, mathématicien célèbre, né à Nemours, qui lui a élevé récemment une statue, et mort en 1783. — Près de l'église se trouve une agglomération de bâtiments diocésains ayant d'abord servi d'hospice, puis de collège, de maison aux P. Rédemptoristes, de petit séminaire, et qui est affectée aujourd'hui à des établissements d'éducation. — Avon comprend les Pépinières du Monceau, appartenant à M. Morlet, la Cave-Goignard où l'on remarque des fabriques de céramique et des fours à briques; Changy, potager de Fontainebleau, et en face sur la lisière de la forêt, les habitations bourgeoises de Bel-Ébat; les Basses-Loges où la maison de Bezout a fait place à une jolie villa; sur le coteau qui domine la Seine, l'ancien domaine de Saint-Aubin appartenant aujourd'hui à M. le comte Greffulhe; et un peu plus bas, le port de Valvins. — En 1310, un chanoine de Roye en Vermandois, fonda aux Basses-Loges, sous l'invocation de saint Nicolas, un prieuré qui devait contenir un hôpital et six lits desservis par deux religieuses de l'ordre de la Charité de Grenade (Espagne). Cet ordre s'étant éteint, la maison fut vendue aux

Carmes de Touraine, qui en firent un simple prieuré où s'établirent ceux de leur ordre qui ne trouvaient pas la règle ordinaire assez rigide. (*D'après Paschal.*) — La plus grande partie de ce prieuré est devenue aujourd'hui la propriété de M. le comte d'Haussonville.

SAMOREAU. — *Samoiseau, Samoireau, Samoreau,* est situé au sud de Vulaines, sur la pente du coteau au bas duquel coule la Seine et sur la rive droite de ce fleuve dans une position des plus pittoresques. La seigneurie de ce lieu appartenait à l'abbé, aux religieux et au couvent de l'abbaye de Saint-Germain-des-Prés. Ils comparurent en cette qualité, en 1560, à la rédaction des coutumes de Melun, à laquelle assista également messire Pasquier Guillaume, curé de la paroisse. De ce village dépendent le château des Pressoirs du Roy et la maison de Montmélian dont nous avons déjà parlé.

CHAMPAGNE. — *Campania,* le seul endroit dans la région qui ait une plaine assez grande (campi) sur les bords de la Seine. Riant village bordé par le fleuve. Du nord à l'est, la hauteur qui domine ce village est couronnée par des bois qui s'appellent bois de Champagne et qui se joignent à la forêt de Valence. En 1560, maître Nicolas Audouze, curé, et les habitants assistèrent à la rédaction de la coutume de Melun.

Selon une tradition, un pont d'origine romaine existait sur la Seine à l'endroit où se trouve aujourd'hui le port de Veneux ou l'île de la Goderne, et une bataille aurait eu lieu sur les deux rives du fleuve en 596 entre les soldats de Frédégonde et ceux de Brunehaut. De là daterait la destruction du Vieux-Moret, appelé par quelques auteurs Latofao, dont l'emplacement se trouve sur le bord de la Seine entre le Loing et l'étang de Lutin. De là viendrait aussi le nom de ruelle Mortuaille donné à un chemin dont il ne reste plus qu'une partie sur le territoire de Champagne, lequel conduisait au pont dont il est parlé. Plusieurs personnes des environs possèdent des armes franques trouvées en ces lieux, soit dans le lit de la Seine, soit dans les terrains avoisinants.

VENEUX-NADON. — *Venosus Nato*, nom tiré de la nature du sol et du site. — D'anciennes « char-

tes » et de vieux plans terriers font voir que le
bas de Veneux appartenait au fief de la cure
d'Épizy qui relevait de l'abbaye des Saints-Pères
de Melun, et au prieuré de Saint-Mammès. —
L'église et la maison commune sont situés au
hameau des Sablons. Depuis quelques années,
de coquettes villas s'élèvent à Veneux, point de
vue magnifique d'où la vue s'étend sur les vallées
de la Seine, du Loing et de l'Orvanne. Citons :

1° Le château de Veneux, appartenant à
M. Caron, ancien élève de l'école des Beaux-Arts,
architecte entrepreneur, dont les travaux principaux sont les fortifications de Lille et les casernes
de Meaux.

2° La villa Beau-Site, appartenant au général
Lewal, ancien ministre de la guerre, un des pre-
miers organisateurs de l'École supérieure de
Guerre, écrivain militaire distingué.

3° Les Greffières, maison appartenant à M. de
la Ville-Hervé, homme de lettres, s'occupant également d'ornithologie.

MORET. — D'après A. Hugo, Moret ne fut d'a-
bord qu'un château, dont il est fait mention pour
la première fois dans le xe siècle. — En 1420,

une petite ville s'était formée autour; elle était ceinte de murs. Le roi d'Angleterre et le duc de Bourgogne s'en emparèrent alors. Charles VII la reprit d'assaut et l'entoura de fortifications plus considérables que les premières. — Moret était gouverné par un comte à qui appartenaient plusieurs autres seigneuries. En 1604, Henri IV donna ce comté à Jacqueline de Breuil, dont il eut un fils, Antoine de Moret, qu'on croit avoir été tué à la bataille de Castelnaudary, mais dont la fin est demeurée un problème historique et l'occasion de beaucoup de suppositions. Les anciennes fortifications de cette ville sont fort délabrées. Son château ne présente que des ruines pittoresques et un donjon en terrasse. Son église, bel édifice gothique, est classée parmi les monuments historiques; elle est actuellement l'objet d'importantes réparations. — Les deux portes de la ville existent encore. — M. l'abbé Pougeois, curé-doyen de Moret, a écrit l'histoire complète de cette antique et royale cité.

Le comte de Moret. — D'après les mémoires de Gaston d'Orléans, Antoine de Moret, qui brûlait d'acquérir de l'honneur à ses premières

armes, voyant une compagnie de cavaliers proche
de lui, ne put s'empêcher de l'aller affronter et
de tirer un coup de pistolet. Le capitaine l'atten-
dit de pied ferme et lui lâcha le sien dans le
ventre, dont il mourut deux heures après. — Les
historiens ne s'accordent ni sur le temps ni sur
les circonstances de la mort du comte de Moret.
Quelques-uns disent qu'il expira immédiatement
sur le champ de bataille, d'autres deux heures
après dans le carrosse de Monsieur, plusieurs, le
soir même, dans le monastère de Prouille où il
aurait été transporté. Aucun des contemporains
ne fait connaître le lieu de sa sépulture; enfin,
nul tombeau, nul monument ne fut élevé à ce fils
de Henri IV. Aussi, cinquante ans après le combat
de Castelnaudary, le bruit se répandit-il à la cour
de Louis XIV que le comte de Moret n'était pas
mort de ses blessures, qu'ayant été secrètement
pansé et guéri à Prouille, ce prince, réfugié en
Italie, s'y était fait ermite et après de longs pèle-
rinages était revenu en France où il vivait caché
sous le nom de frère Jean-Baptiste dans l'ermitage de Gardelles, près de Saumur. On affirmait
qu'il avait été reconnu à cause de sa ressemblance
avec Henri IV, par de vieux gentilshommes qui

l'avaient connu dans sa jeunesse. On citait plusieurs circonstances tendant à prouver sa royale origine. Louis XIV voulut savoir la vérité et par son ordre, l'abbé d'Asnières se rendit auprès du saint ermite et lui demanda s'il était le comte de Moret. — « Je ne le nie ni ne l'assure, dit l'ermite, mais qu'on me laisse comme je suis. » Un religieux qui se trouvait présent ayant insisté pour le faire expliquer : « Voilà, ajouta-t-il, cinquante ans que je travaille à me cacher et vous voulez me faire perdre en un quart d'heure le travail de tant d'années. » — Louis XIV, à qui la réponse fut rapportée, dit : « Il suffit, que cet ermite soit homme de bien ; puisqu'il ne veut pas être connu, il faut le laisser en paix et ne point nous opposer à ses desseins. » — Le frère Jean-Baptiste cessa dès lors d'être troublé par une indiscrète curiosité et resta encore dix ans dans son ermitage où il mourut âgé de près de quatre-vingt-dix ans, en odeur de sainteté, le 21 décembre 1692.

La religieuse de Moret. — S'il faut ajouter foi au témoignage de contemporains de Louis XIV, il se pourrait que ce roi eût eu une fille dont la naissance aurait été cachée, et le *Masque de fer* ne serait pas le seul mystère de son règne.

Mlle de Montpensier rapporte dans ses Mémoires que la reine Marie-Thérèse était gouvernée absolument par une femme de chambre nommée Molina qu'elle avait amenée d'Espagne. Elle ne trouvait rien de bon que ce qui était apprêté par cette femme; elle montrait aussi beaucoup de tendresse à une Espagnole nommée Philippa, trouvée enfant dans le palais de son père; enfin, elle avait auprès d'elle une naine très brune et presque moresse qui lui plaisait fort. — Saint-Simon dit : Il y avait à Moret, petite ville non loin de Fontainebleau, un petit couvent borgne où était professe une moresse inconnue à tout le monde, et qu'on ne montrait à personne. Bon-temps, gouverneur de Versailles, par qui passaient les choses du secret domestique du roi, l'y avait mise toute jeune, avait payé une dot assez consi-dérable et continuait à lui payer une grosse pen-sion tous les ans. Il avait attention qu'elle eût son nécessaire, que tout ce qu'elle pouvait désirer en agréments et douceurs et qui peut passer pour abondance pour une religieuse, lui fût fourni. La reine y allait souvent de Fontainebleau et prenait grand soin du bien-être du couvent, et Mme de Maintenon après elle. Ni l'une ni l'autre ne prenait de cette moresse un soin direct et qui se pût remarquer, mais elles n'y étaient pas moins attentives ; elles ne la voyaient même pas toutes les fois qu'elles allaient au couvent, mais elles s'informaient souvent curieusement et avec grande attention de sa santé, de sa conduite et de celle de la supérieure à son égard. Quoiqu'il n'y eut dans cette maison personne d'un nom connu, Monseigneur y a été quelquefois, les princes ses enfants aussi, ainsi que la duchesse de Bourgogne qui y fut conduite en 1697 par Mme de Maintenon ; tous demandaient et voyaient la moresse. Elle était dans le couvent avec plus de considération que les autres et se prévalait fort des soins qu'on prenait d'elle et du mystère qu'on en faisait. Quoiqu'elle vécut très religieusement, on s'apercevait que la vocation avait été aidée. Il lui échappa une fois, entendant Monseigneur chasser dans la forêt, de dire négligemment : « C'est mon frère qui chasse. » — On dit qu'elle avait quelquefois des hauteurs, que sur les plaintes de la supérieure, Mme de Maintenon alla un jour exprès pour tâcher de lui inculquer des sentiments

plus conformes à l'humilité religieuse; que lui
ayant voulu insinuer qu'elle n'était pas ce qu'elle
croyait être, elle lui répondit : « Si cela n'était
pas, madame, vous ne prendriez pas la peine de
venir me le dire. » — On prétendait qu'elle était
fille du roi et de la reine, et que sa couleur l'avait
fait séquestrer, en publiant que la reine avait fait
une fausse couche, et beaucoup de gens en étaient
persuadés. On croyait, en effet, du temps de
Louis XIV que la vue d'un nègre, en frappant
l'imagination d'une femme enceinte, peut changer
la couleur de l'enfant renfermé dans son sein.
Nous ne croyons pas que la physiologie moderne
admette cette probabilité; mais la religieuse de
Moret, sans être la fille de la reine, pouvait être
celle du roi : on s'explique la couleur en pensant à la moresse qui était auprès de Marie-
Thérèse. Quoi qu'il en soit, dit Saint-Simon, la
chose est et demeure une énigme.

(D'après Saint-Simon.)

TABLE DES MATIÈRES

TROISIÈME PARTIE. — STATISTIQUE.

NOTES, REMARQUES ET ACTES DIVERS.

SUPPLÉMENT.

BIBLIOGRAPHIE

Culture du chasselas a Thomery, par M. Rose Charmeux, propriétaire-viticulteur, chevalier de la Légion d'honneur, président honoraire de la Société d'horticulture de Melun-Fontainebleau, etc.

Catalogue descriptif des variétés de vignes cultivées dans l'établissement de viticulture de M. E. Salomon, chevalier de la Légion d'honneur et décoré du Mérite agricole, etc., propriétaire-viticulteur, successeur de M. Rose Charmeux pour les plants de vignes.

Traité pratique de la culture du chasselas a Thomery, par M. Jules Bureau, propriétaire-viticulteur, ex-chef de culture dans l'établissement viticole de M. Rose Charmeux.

Catalogue des cépages cultivés dans l'établissement de M. François Charmeux fils, propriétaire-viticulteur, à Thomery, avec notes sur la plantation et la conduite de la vigne en plein air et en serre.

Culture de la vigne, par Paul Renard, propriétaire, ancien notaire à Thomery.

FONTAINEBLEAU. — E. Bourges, imp. breveté.